# Stable Diffusion
# 建筑绘画基础与实战

章斌全　石静　著

人民邮电出版社

北　京

图书在版编目（CIP）数据

Stable Diffusion 建筑绘画基础与实战 / 章斌全，
石静著. -- 北京 : 人民邮电出版社, 2024. -- ISBN
978-7-115-64768-9

Ⅰ. TP391.413

中国国家版本馆 CIP 数据核字第 20248QS544 号

## 内 容 提 要

如今人工智能技术的发展突飞猛进，AI 绘画是人工智能技术的典型应用之一。本书结合 Stable Diffusion 软件，详细讲解该软件在建筑绘画中的应用，并进行案例实战演练。书中案例包含建筑设计、室内设计、园林景观设计、建筑规划设计等专业设计与效果图绘制。针对不同专业特色，本书展示了一系列典型的工作方法和绘画流程，掌握这些流程即可将其运用于工程实践中。

本书所有实战案例使用的图片均可下载，方便读者按照书中讲解进行练习。

本书既适合 AI 绘画零基础读者学习，也适合室内设计或建筑设计等相关行业的从业者阅读。此外，还适合作为艺术类院校或培训机构的教材。

♦ 著　　　章斌全　石　静

责任编辑　张丹丹

责任印制　陈　犇

♦ 人民邮电出版社出版发行　　北京市丰台区成寿寺路 11 号

邮编　100164　电子邮件　315@ptpress.com.cn

网址　https://www.ptpress.com.cn

北京瑞禾彩色印刷有限公司印刷

♦ 开本：787×1092　1/16

印张：10.5　　　　　　　　2024 年 10 月第 1 版

字数：218 千字　　　　　　2024 年 10 月北京第 1 次印刷

定价：79.80 元

读者服务热线：(010)81055410　印装质量热线：(010)81055316

反盗版热线：(010)81055315

广告经营许可证：京东市监广登字 20170147 号

# 前言

随着 ChatGPT 4.0 在全球掀起人工智能（Artificial Intelligence，AI）狂潮，人们既感受到了惊喜，也产生了担忧。惊喜于 AI 在各个领域所展现出的强大功能和效率，担忧于 AI 可能给人类社会带来的冲击或颠覆。

生成式人工智能（Artificial Intelligence Generated Content，AIGC）在社会各个方面都体现出巨大的冲击力和影响力，推动了众多领域的创新应用。记得一年前，很多人探讨的是 AI 可能代替哪些重复性工作岗位，且普遍认为艺术创意领域是 AI 最不可能替代的。然而，恰恰是在绘画领域，AI 取得了令人瞩目的突破。AI 绘画具有极大的随机性和极丰富的艺术表现手段，尽管目前还不能说是 AI 主导的创意，但在由人工控制输入的提示词或图形的引导下，AI 绘图还是非常高效的。

为此，作为工程领域的设计师，需要研究和学习 AI 绘画在工程领域的应用方法和流程。本书结合现有软件的技术，并充分考虑了建筑设计、室内设计、园林景观设计、建筑规划设计等专业设计与绘画的需求，探索出一系列典型的应用方法和流程。

工程界的设计师可能会对 AI 技术带来的冲击有所担忧，担心自己多年积累的专业技能被替代，优势受到挑战，甚至担忧 AI 会替代自己。但至少在现阶段，AI 还仅仅处于工具层面，控制 AI 绘画的是设计师，真正需要思索、创意并落实创意的仍然是设计师。设计师以往用铅笔、画笔来表达设计构思，如今用提示词和草图来表达设计构思，利用 AI 绘画软件这一拥有多种风格且强大高效的新型画笔来实现创意。

本书采用实战的方式讲解 AI 绘画在建筑领域的运用。本书面向设计师，以设计师的思维习惯和工作目标为导向进行教学，不让晦涩难懂的 AI 概念拦住学习的热情，并把设计师的目标需求转化为基本的操作流程。本书以流行的免费开源软件 Stable Diffusion 为工具，基于 1.5 和 XL 大模型，以简洁易用的 Web UI 为平台开展工作流程的教学。

学习 AI 绘画不需要编程基础，也不需要绘画功底，只需要对美有所追求，能够用语言描述画面，并适当用粗略草图控制画面，即可通过操作 AI 软件绘制精美且具有真实感的效果图，也可以绘制各种风格的画面。本书共分为 7 章，第 1 章介绍 AI 绘画的主要软与 Stable Diffusion 软件的安装与运行，并在 1.3 节带领读者完成第一个 AI 绘画作品的创作，感受 AI 绘画和创意的风采。第 2 章聚焦建筑渲染图实践，带领读者一步步完成可视化效果图的绘制，感受快速出图、跨越难点的乐趣。第 3~6 章为建筑设计、室内设计、园林景观设计、建筑规划设计等领域的案例操作，技术难度循序渐进，是实用技巧的总结。第 7 章为 Stable Diffusion 软件的技术要点，帮助读者深化对操作逻辑和参数的理解，并讲解建筑类绘画的常见参数设置技巧。通过阅读本书并跟随实操，相信读者一定可以灵活运用 AI 进行建筑等工程的绘画创作和方案创意创作。有了 AI 技能的加持，设计工作将会如虎添翼。

鉴于编者水平有限，加之软件更新频率很高，新技术的研究和教学过程难免存在不足和错误之处。若读者在阅读过程中发现错误或不妥之处，恳请不吝赐教，我们将不胜感激。

编者

2024 年 3 月

# 目录

第 7 章
# Stable Diffusion 软件技术要点

第 1 章

# 认识AI绘画

**本章介绍**

本章先简单介绍目前常见的 AI 绘画软件,再介绍 Stable Diffusion 的安装与运行,带领读者体验 AI 绘画的魅力。

**学习目标**

● 掌握 AI 绘画软件的特点。

● 了解 Stable Diffusion 的安装环境。

● 学会运行 Stable Diffusion 软件,初次体验 AI 绘画。

# 1.1 AI绘画的主要软件

目前，应用较多的 AI 绘画软件主要有两款——Midjourney 和 Stable Diffusion，很多人用它们创作出大量精美且富有创意的图画。AI 绘画领域覆盖面广，从早期的二次元绘画到如今包罗万象的图像领域，从追求真实感的超现实写真风格到水粉、水彩、油画等风格模拟，从中国画到莫奈风格，从人物、动物到大场景，从 Logo 设计到工程绘画等，无所不包。

这两款软件有各自的特点，具体介绍如表 1-1 所示。

表 1-1 软件优缺点介绍

| 软件 | 优点 | 缺点 |
|---|---|---|
| Midjourney | ● 较强的创意能力，效果惊艳<br>● 全球用户量大，迭代快<br>● 云上运行，不需要高配置计算机 | ● 费用较高<br>● 没有中文版<br>● 目前只能用语言描述，生成结果随机性大<br>● 仅出二维效果图，不能出三维效果图 |
| Stable Diffusion | ● 较强的创意能力，效果惊艳<br>● 全球用户量大，迭代快<br>● 本地运行，无须联网<br>● 开源，免费<br>● 有中文版，有大量中文教程、案例、模型等<br>● 不仅能用语言描述，还有多种图形控制方式，支持局部修改、方案迭代深化 | ● 需要高配置计算机<br>● 仅出二维效果图，不能出三维效果图 |

除了这两款软件，国内还有一些网站提供与这两款软件相似的功能，如百度的文心一言、深圳小库 AI 云、建筑学长 AI DRAW 等。这些平台支持主流建筑模型软件，如 SketchUp、Revit、Rhino，虽然这些平台需要购买会员，但相比国外网站价格更亲民。

提示 ----------------------------------------------------------------------->

本书重点讲解 Stable Diffusion 在以下两个方面的应用，主要涉及的领域是建筑设计、室内设计、园林景观设计、建筑规划设计等。

1. 根据草图绘制精美效果图。

2. 根据草图进行方案创作。

# 1.2 Stable Diffusion的模型放置位置

官方版本的安装，除了需要安装 Stable Diffusion，还需要手动安装多个支持环境，因而变得复杂。需要下载并安装以下内容。

1. Stable Diffusion 程序包。

2. Python 环境。

3. Dotnet 环境。

4. 依赖项 PyTorch、NumPy、Pillow、SciPy、Tqdm 等。

5. 各种模型库。

6. 修改配置文件 Config.yaml 等。

以上内容需要从 Stability AI 公司官方网站及众多开源贡献者 GitHub 页面下载，这一系列操作之后，才可能运行 Stable Diffusion，不仅费时、费神，还容易出错。读者可自行下载国内流行的 Web UI 整合包，实现一键安装。

在 Stable Diffusion 学习与使用过程中，经常需要扩展下载大模型、微调小模型（LoRA）、ControlNet 模型。这些模型需要放置在特定文件夹中，具体如下。

大模型放置文件夹：盘符 :\sd-webui-aki-v4\models\Stable-diffusion

微调小模型（LoRA）放置文件夹：盘符 :\sd-webui-aki-v4\models\LoRA

ControlNet 模型放置文件夹：盘符 :\sd-webui-aki-v4\extensions\sd-webui-controlnet\models

## 1.3　初次体验 AI 绘画

### （1）启动 Stable Diffusion 软件

在桌面上双击创建的快捷方式"AI 启动器"，程序会开启一个黑色文本窗口，并有较多文字提示，尤其是首次使用时，可能会提示下载安装较多资源，请耐心等候。

程序启动后，会弹出黑色文本窗口，这是程序的后台运行窗口，注意不要关闭此窗口。

单击"一键启动"按钮，程序在下载安装一定数据后，会弹出浏览器界面。

下图是后续各种操作的主界面，业内俗称 Web UI。注意不要关闭前两个窗口。

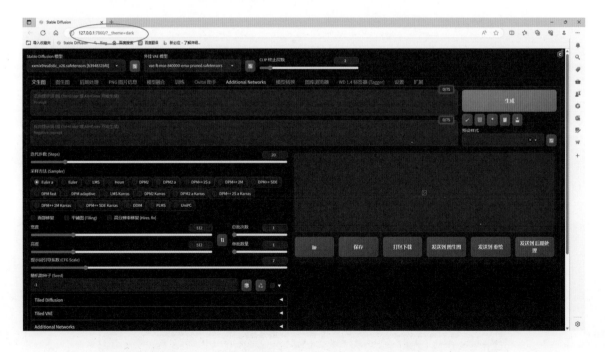

### （2）绘制第一幅画

在 Web UI 中，选择"文生图"选项卡，在下方的栏目中输入任意英文提示词，如"white horse,valley,waterfall"，让 AI 绘制一幅图——画面中有山谷，有白马，白马旁边有瀑布。单击"生成"按钮，你的第一幅 AI 绘画作品就诞生了（如左下图所示)。

修改提示词，把 horse 改成 house，把"总批次数"设为 9，再次单击"生成"按钮，生成新的效果图（其中一张如右下图所示）。

显然，画面还不够精美，但没关系，通往成功的路径已经开启，后续将一步步靠近成功。

现在，你最关心的问题可能是如何控制画面的内容、质量、具体细节等。后面将陆续进行解答。

CHAPTER TWO

第 2 章

# 建筑渲染实战

**本章介绍**

本章主要介绍如何利用 Stable Diffusion 软件，基于建筑精
细手绘稿或 SketchUp 生成的建筑模型，进行建筑方案创作的
基础方法，包括应用 ControlNet 的预处理模型 Lineart（线
稿）等来实现对建筑宏观形体的控制，并通过合理设置相应权
重、选择不同大模型和微调小模型（LoRA）等方法来进行多
种建筑方案的创作。通过学习本章内容，读者可以了解并掌握
ControlNet 预处理模型的应用方法和技巧，快速应用方法与流
程，并灵活设置参数，以激发建筑方案创作的灵感。

**学习目标**

● 熟练掌握 ControlNet 的预处理模型 Lineart（线稿）的使
   用方法。

● 熟练掌握利用建筑手绘稿或建筑模型，结合 Stable Diffusion
   生成建筑效果图的方法。

# *2.1* 实战：现代文化建筑精细手绘稿渲染

▶ **学习目标**

学习控制画面的方法：提示词和 ControlNet。

▶ **知识要点**

❶ 正向提示词，如 culture building,city,tree。正向提示词是我们希望生成的图片里出现的元素，如建筑性质、环境、天气等，可根据画面需要在出图过程中适当增减。

❷ 反向提示词，如 bad-picture-chill-75v,EasyNegative,worst quality,low quality。前两个词是模型训练者（或模型开发者）给出的参考反向提示词，后两个词是通用反向提示词。可以在生成图片的过程中填入相应的词语，以消除不需要的元素。

❸ 使用 ControlNet 的预处理模型 Lineart（线稿）控制生成效果。

❹ 手绘建筑线稿图处理效果如左下图所示，渲染之后的效果图如右下图所示。由于 AI 绘画的随机性和参数的多样性，每次生成的作品都会有所不同，因此示例图片的效果仅供参考。

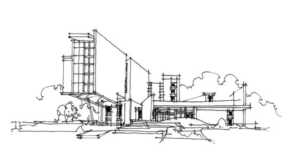 

▶ **制作步骤**

**01 将手绘建筑线稿图拍照或扫描处理成图片。**

手绘图稿不应过于潦草，应适当表达出建筑轮廓，体量穿插关系，门、窗、层数等信息，以供 Stable Diffusion 生成符合预期的图像；手绘图稿也不应过于精细，过于精细的图会导致效率不高，同时也限制了 AI 的发挥空间。

**02 转到 Stable Diffusion 中，设定基础参数。**

选择"文生图"选项卡，选择合适的大模型，如 LW_Architecutral_MIX V0.3_V0.3.safetensors，设置"迭代步数（Steps）"为 30，"采样方法（Sampler）"为 Eluer a，"提示词引导系数（CFG Scale）"为 7，"随机数种子（Seed）"为 −1。这里未提及的参数，建议保留默认值。

**提示**

上面用到的大模型 LW_Architecutral_MIX V0.3_V0.3.safetensors，不是软件自带的大模型，请根据 7.1 节中提供的方法下载及使用各种大模型。

**03 填入提示词。**

正向提示词：culture building,city,tree。

中文含义：文化建筑、城市、树木。

反向提示词：bad-picture-chill-75v,EasyNegative,worst quality,low quality。

中文含义：前两个词都是前面选用的大模型提供的特定反向提示词，大意是不要坏的图片。后两个词均指低质量。

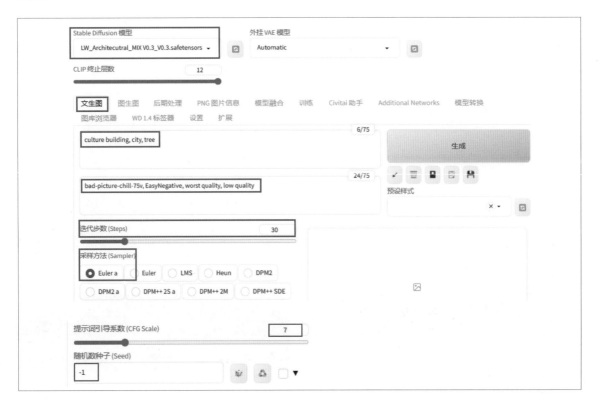

**注意**

● 这里直接使用了模型原创者建议的反向提示词，读者也可以自行编写。

● 提示词均使用英文和半角标点符号，不要使用汉字和全角标点符号。

**04 调用 ControlNet。**

选择 ControlNet Unit 0 选项卡，按下面的步骤操作。

① 导入建筑手绘稿图片文件"学习资源\Ch02\2-1.jpg"。

② 勾选"启用""完美像素模式""允许预览"复选框。

③ 在"控制类型"中选择"Lineart（线稿）"选项，此时"预处理器"会自动选择 lineart_standard (from white bg & black line)（标准线稿提取 – 白底黑线反色），"模型"会自动选择 control_v11p_sd15_lineart_fp16。

④ 单击"预处理器"和"模型"之间的▓按钮，运行预处理器，生成黑底白线的预处理结果图片，图片将显示在上方。

⑤ 设置"控制权重"为 0.7，"引导终止时机"为 1。

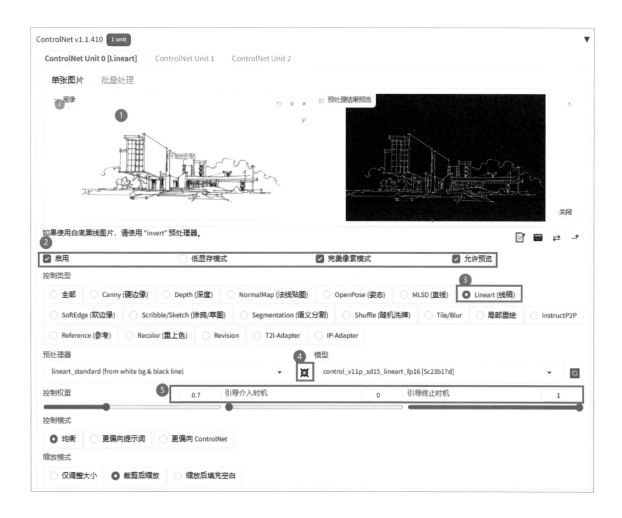

**05 设置尺寸。**

单击下图中右下角的按钮,把本参考图的长宽值发送到界面上部的"宽度"和"高度"中。如果尺寸过大,建议等比例缩小,否则可能导致显存不足而报错。本案例中图片尺寸为 1024 像素 ×640 像素。

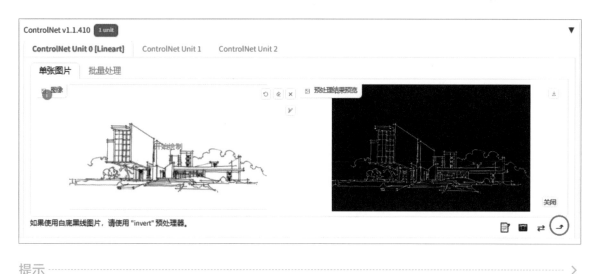

**提示**

输出图片的宽度和高度单位是像素,建议将两者的值均设置为 16 的整数倍,否则可能导致运行错误。

**06** **批量生成。**

设置"总批次数"为 4，单击"生成"按钮，批量生成效果图。

**07** **调整参数，再次批量生成。**

尝试在正向提示词中加入 night，以调整画面效果，再次单击"生成"按钮，批量生成效果图。

# 2.2　实战：现代办公建筑3D模型透视图渲染

▶ **学习目标**

学习使用合理的提示词和 ControlNet，结合建筑 3D 模型图的方案进行创作。

▶ **知识要点**

❶ 正向提示词，如 modern,office building,city,(tree:1.2),depth of field,people。正向提示词是我们希望生成的图片里出现的元素，如建筑性质、环境、天气等，可根据画面需要在出图过程中适当增减。

❷ 反向提示词，如 bad-picture-chill-75v,EasyNegative,worst quality,low quality。可使用模型训练者给出的参考反向提示词，也可以使用通用反向提示词，在生成图片的过程中填入相应的词语，以消除不需要的元素。

❸ 使用 ControlNet 的预处理模型 Lineart（线稿）控制生成效果。

❹ 将建筑 3D 模型处理成左下图所示的透视线稿图，灵感渲染之后的效果图参见右下图。

▶ **制作步骤**

**01 输出建筑透视线稿图。**

在 SketchUp 中，将建筑模型调整好角度，输出建筑透视线稿。图稿不用过于精细，防止低效及限制 AI 的发挥空间。

**02 转到 Stable Diffusion 中，设定基础参数。**

选择"文生图"选项卡，选择合适的大模型，如 LW_Architecutral_MIX V0.3_V0.3.safetensors。设置"迭代步数（Steps）"为 30，"采样方法（Sampler）"为 Eluer a，"提示词引导系数（CFG Scale）"为 7，"随机数种子（Seed）"为 -1。这里未提及的参数，建议保留默认值。

**03 填入提示词。**

正向提示词：modern,office building,city,(tree:1.2),depth of field,people。

中文含义：现代，办公建筑，城市，（树木：权重 1.2），景深，人群。

反向提示词：bad-picture-chill-75v,EasyNegative,worst quality,low quality。

中文含义：前两个词都是上面选用的大模型提供的特定反向提示词，大意是不要坏的图片。后两个词均指低质量。

提示 -------------------------------------------------------------------------------- ❯

1. 本案例中建筑物占据了画面的大部分空间，给配景留下的空间不是很充足，所以正向提示词相对上一案例增加了提示词 tree 的权重。

2. 反向提示词直接使用模型原创者建议的提示词。

### 04 调用 ControlNet。

选择 ControlNet Unit 0 选项卡，按下面的步骤操作。

① 导入建筑手绘稿图片文件"学习资源 \Ch02\2-2.png"。

② 勾选"启用""完美像素模式""允许预览"复选框。

③ 在"控制类型"中选择"Lineart（线稿）"选项，此时"预处理器"会自动选择 lineart_standard (from white bg & black line)（标准线稿提取 - 白底黑线反色），"模型"会自动选择 control_v11p_sd15_lineart_fp16。

④ 单击"预处理器"和"模型"之间的 🟦 按钮，运行预处理器，生成黑底白线的预处理结果图片，图片将显示在上方。

⑤ 设置"控制权重"为 0.7。

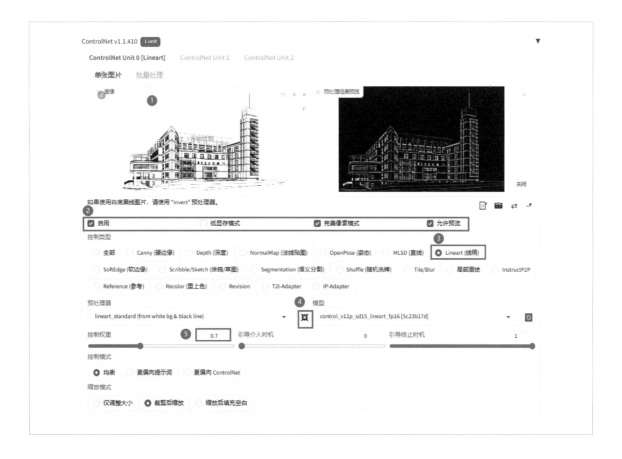

**05 设置尺寸。**

单击下图中右下角的按钮，把本参考图的长宽值发送给界面上部的"宽度"和"高度"中。本案例中图片尺寸为 1024 像素×632 像素。

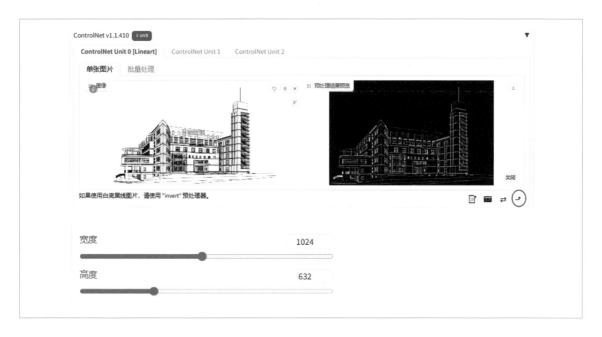

**06 批量生成。**

设置"总批次数"为 4，单击"生成"按钮，批量生成效果图。

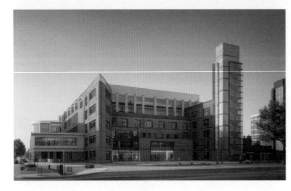

**07 调整参数，再次批量生成。**

尝试加入 LoRA 模型以调整画面效果，如下图所示，LoRA 模型选择 UrbanScene_V2，将"权重 1"设置为
0.6，再次单击"生成"按钮，批量生成效果图。

提示 ------------------------------------------------------------------------

关于 LoRA 模型的详细介绍，请阅读 7.3 节，下载及使用方法请阅读 7.1 节。

**建议** ·····································································································>

可以尝试使用不同的基础大模型和 LoRA 模型来改变建筑风格或画面风格，从而发掘更多的创作灵感。

第 3 章

# 建筑创作实战

**本章介绍**

前一章侧重于建筑效果图的绘制，而本章侧重于建筑方案的创作。

本章主要介绍用 Stable Diffusion 配合 SketchUp 创建的简单模型进行建筑方案创作的基本方法，包括使用 ControlNet 的预处理模型 Lineart（线稿）、Seg（语义分割）来实现对建筑宏观形体的控制，并通过合理设置相应权重和引导介入时机、选择不同大模型和微调小模型（LoRA）等方法来进行多种建筑方案的创作。通过学习本章内容，读者可以了解并掌握 ControlNet 的预处理模型的使用方法和技巧，快速熟悉方法与流程，并灵活设置参数进行建筑方案的灵感创作。

**学习目标**

● 熟练掌握 ControlNet 的预处理模型 Lineart（线稿）的使用方法。

● 熟练掌握 ControlNet 的预处理模型 Seg（语义分割）的使用方法。

● 熟练掌握 Stable Diffusion 大模型和微调小模型（LoRA）的使用方法。

# 3.1　实战：用提示词进行效果创作

▶ **学习目标**

学习用提示词进行建筑方案创作。

▶ **知识要点**

❶ 正向提示词的使用。

❷ 反向提示词的使用。

❸ 提示词权重的控制。

## 3.1.1　莲花建筑创作

用提示词来创作建筑方案，也叫灵感创作。下面的建筑图片有以下几个特点。

● 建筑主体有点像莲花的花瓣。

● 花瓣是高度抽象的。

● 建筑主体是白色的。

● 建筑周边有水面。

● 建筑有适当的玻璃幕墙。

● 屋顶是曲面的。

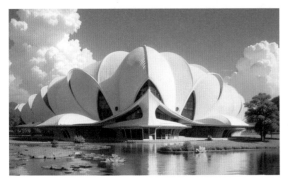 

上述特点也是创建这些方案之前的设想。现在尝试只用提示词进行创作来实现这些设想。在实践中，可以一次性填写多个提示词，也可以不断优化、尝试多次生成。

下面是本次使用的正向提示词。在 Stable Diffusion 中，多条提示词可以排成一行连续输入，用英文逗号隔开即可。本书为了便于阅读而将以下提示词分行排列。

hypermodernism,

(Pictorial lotus shaped architecture:1.5),

(a curved roof:1.5),(white:1.5),

a building that is sitting on a body of water with a sky background and clouds in the background and a reflection of the building,

a digital rendering,glass curtains,

futuristic,environmental art,an abstract sculpture。

- 第一条的意思是超现代主义。
- 第二条的意思是神似莲花形的建筑。

**注意**

这些提示词是经过多次调整尝试后的结果。例如，这里把 architecture 的权重设为 1.5，是因为之前没有增加权重的时候效果不佳，所以把它的权重增加到1.5。

- 第三条说明需要的是一个曲面的屋顶，也设置了一个 1.5 的权重；另外，将白色也增加到 1.5 的权重。
- 第四条是关于这个建筑的位置的描述：坐落在水上，背后有云彩，有反射天空的水面等。
- 第五条说明这是一张渲染的效果图，并把玻璃幕墙的需求提了出来。
- 最后一条是指未来主义，环境艺术，以及抽象雕塑。

**提示**

关于提示词的规则，详见 7.6 节。

编写提示词时，可以按照自己的设想自由地创作。提示词可以看成是一些灵感，每个人的灵感都不一样，而且每次得到的结果也是随机的。但是，通过填写合适的提示词和大量随机生成的尝试，是有可能创作出符合设计师要求的理想画面的。

还可以尝试选择不同的大模型。通过不同的大模型和丰富的提示词，以及一次次随机生成，有可能出来的某些建筑造型是惊艳的，有值得借鉴、采纳的地方。

反向提示词：illustration,3d,sepia,painting,cartoons,sketch,(worst quality:2),(low quality:2),lowres,((monochrome)),(grayscale:1.2),logo,text,error,extra digit,fewer digits,cropped,jpeg artifacts,signature,watermark,username,blurry。

中文含义：插图，三维，深褐色，绘画，卡通，素描，（最差质量：权重 2），（低质量：权重 2），低分辨率，（（单色）），（灰度：权重 1.2），标志，文本，错误，额外数字，较少数字，裁剪，JPEG 伪影，签名，水印，用户名，模糊。

**注意**

上面 ((monochrome))、(grayscale:1.2) 均是增加权重的表达，更多详细内容请阅读 7.6 节。

▶ **制作步骤**

**01 选择一个大模型。**

如 ChilloutMix 模型，读者也可以多次尝试不同的大模型。

**02 填写正向提示词和反向提示词。**

**03 设置参数。**

设置输出图像的大小。例如将"宽度"设为 800 像素，"高度"设为 600 像素，"总批次数"设为 9，其他参数保持不变，保证"随机数种子"是 −1。

**04 单击"生成"按钮。**

每次创作出来的结果都是不一样的，有可能是令人惊喜的结果。这里只是探索一种解决问题的方法，仅仅是提供一种思路。

**05 修改提示词，再次单击"生成"按钮。**

例如，提示词增加建筑师姓名 Zaha Hadid（扎哈·哈迪德）。如果选用的大模型在训练之初包含了此姓名和相关建筑作品，此提示词的效果将展示在新生成的作品中。

## *3.1.2*　提示词的运用

1. 常用的正向提示词、反向提示词都可以保存为预设。单击"保存"按钮就可以把当前项目中的提示词保存为指定名称的预设。

2. 选用预设提示词的方法：在界面下拉列表中选择一种预设，如"清晰反向提示词"，再单击上方的 图标。

3. 提示词的运用建议。提示词没有固定组合和词组，需要根据绘制的内容、风格、细节去构思。可以借鉴网上优秀的绘图成果去学习提示词，也可以尝试把绘图构想用合适的提示词表达出来。例如，有的网站中把提示词按通用、建筑师、景观、人物、插画等进行分类，方便用户快速选用。

## 3.2 实战：简单手绘效果创作

▶ **学习目标**

熟练掌握用提示词和 ControlNet 的预处理模型 Lineart（线稿）来进行基于手绘稿的建筑创作。

▶ **知识要点**

本节主要讲解用简单的手绘稿进行灵感创作的方法。这里有 3 个案例。

第一个案例是一座展览馆。在这个案例中学习参数的设置和 LoRA 模型的运用。

第二个案例是一张看起来非常凌乱的手稿，其实是著名设计师弗兰克·盖里绘制的西班牙毕尔巴鄂古根海姆博物馆的手稿。利用这张手稿，可以随机创造一些非常奇特的建筑。

第三个案例是设想在山谷里创建一座观景台，造型像灵芝一样，有人群在上面瞭望，有向上的大楼梯，通体白色。这个案例使用的手稿非常粗糙，能不能起作用呢？这个案例将讲解用 X/Y/Z 图表的方式进行批量出图，让计算机进行大量运算，创建 100 个或几百个方案，再从中进行挑选。

**01** 参数与 LoRA 模型的运用

**02** 从范例图片中获取提示词

**03** 用 *X/Y/Z* 图表进行批量出图

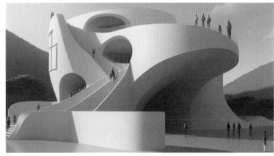

## *3.2.1*　展览馆建筑

　　利用这个案例中的草图,可以创作无数风格不同的建筑,之前创作过的一个方案是公路桥梁,桥梁与山坡有机地结合在一起,非常奇妙。说到这点是为了提醒大家,用 Stable Diffusion 进行 AI 绘画创作的创意是无限的,而如何激发其创意,又如何控制其可行性和合理性是需要关注的问题。

▶ **制作步骤**

**01 选择一个大模型。**

如 ChilloutMix 模型。也可以多次尝试不同的大模型。

**02 填写正向提示词和反向提示词。**

正向提示词：masterpiece,best quality,High contrast,Realism,Modern architecture,curved roof,glass curtain wall on the left,curved columns on the right,wooden columns,wooden roof,exhibition hall,large trees in the background,lake in the foreground。

中文含义：杰作，最好的质量，高对比度，现实主义，现代建筑，拱形屋顶，左边是玻璃幕墙，右边是曲面柱，木柱，木屋顶，展览馆，背景是大树，前景是湖泊。

反向提示词：illustration,3d,sepia,painting,cartoons,sketch,(worst quality:2),(low quality:2),lowres,((monochrome)),(grayscale:1.2),logo,text,error,extra digit,fewer digits,cropped,jpeg artifacts,signature,watermark,username,blurry。

中文含义：插图，三维，深褐色，绘画，卡通，素描，（最差质量：权重2），（低质量：权重2），低分辨率，（（单色）），（灰度：权重1.2），标志，文本，错误，额外数字，较少数字，裁剪，JPEG 伪影，签名，水印，用户名，模糊。

**03 调用 ControlNet。**

选择 ControlNet Unit 0 选项卡，按下面的步骤设置。

① 上传手绘草图"学习资源 \Ch03\3-1.jpg"。

② 勾选"启用""完美像素模式""允许预览""预处理结果作为输入"复选框。

③ 在"控制类型"中选择"Lineart（线稿）"选项，此时"预处理器"和"模型"中会自动出现内容，如版本较低，需要手动在"模型"栏目中选择 control_v11p_sd15_lineart。

④ 单击"预处理器"和"模型"之间的 🔅 按钮，运行预处理器，生成黑底白线的预处理结果图片，图片将显示在上方。

⑤ 设置"控制权重"为 0.65。

⑥ 设置"引导终止时机"为 0.75。

⑦ 把上方输出的图片宽度与高度值设置成草图的长宽尺寸，让输出的图片和草图一样大，关键是长宽比一致。注意，如果草图分辨率过大，如宽度或高度大于 768 像素，建议把输出的图片宽度和高度值改小，即小于 768 像素，否则可能导致显存耗尽，运行速度过慢。

**提示** ──────────────────────────────────────────── ⟩

控制权重：代表使用 ControlNet 生成图片的权重占比影响。以下数值是笔者创作中总结的经验，供大家参考。

● 0.4 以下，图片的控制力很弱，几乎看不出图片对成果的明确影响。

● 0.5 左右，图片有一定控制力，但又允许 AI 对形体发挥大幅度联想。

● 0.8 左右，图片控制力强，AI 发挥联想幅度较小。

● 大于 1，图片获得很强的控制，AI 完全没有发挥联想的空间。

引导介入时机：从哪一步 ControlNet 开始生效。这个值介于 0 到 1 之间。

引导终止时机：从哪一步 ControlNet 结束生效。这个值介于 0 到 1 之间。

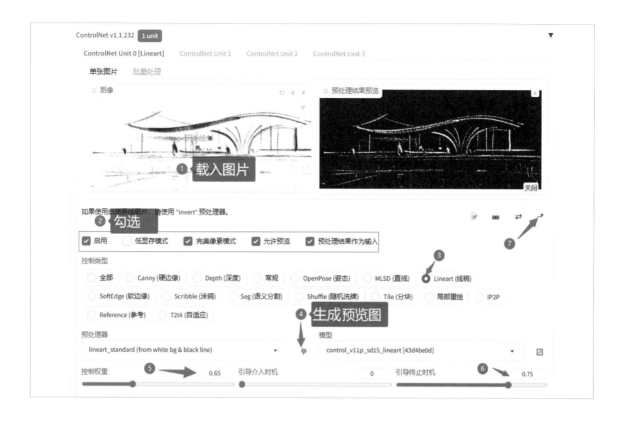

**04 设置其他参数。**

在日常练习中常常调整诸多参数，若不清楚需要设置为多少，建议保持默认值，如"总批次数"为 1，保证"随机数种子"是 −1。

**05 单击"生成"按钮。**

如果需要调整效果，可调整 ControlNet 权重、引导终止时机等。

可以把"总批次数"设为 9，一批次创作 9 张，从生成的批量结果中挑选理想的方案。还可以调整或修改提示词，如增加 fog,bridge，生成后观察效果。

▶ **技能点**

尝试不同权重设置的效果比较。

**01** **删除前面填入的正向提示词。**

**02** **修改参数。**

把 ControlNet 的"控制权重"和"引导终止时机"全设为 1。

其他参数保持不变，如"总批次数"为 1，保证"随机数种子"是 −1。

**03** **单击"生成"按钮。**

观察结果。再按下图所示依次修改权重。在没有提示词干扰的情况下，比较不同控制权重、不同引导终止时机的效果。

控制权重是 1~2 时，AI 完全没有联想的空间，出图和原图几乎没有区别。控制权重越低，AI 自由发挥联想的空间越大。

"引导介入时机"为 0，"引导终止时机"为 1，即全程由 ControlNet 发挥作用。如果"引导终止时机"为 0.75，即后 25% 的时间，ControlNet 不再约束图形。

"控制权重"为 1，"引导终止时机"为 1

"控制权重"为 2，"引导终止时机"为 1

"控制权重"为 0.5，"引导终止时机"为 1

"控制权重"为 0.5，"引导终止时机"为 0.75

▶ **技能点**

　　调用 LoRA 模型参与控制。

**01 重新填入正向提示词。**

**02 修改参数。**

把 ControlNet 的"控制权重"设为 0.5 左右，"引导终止时机"设为 0.75。

其他参数保持不变，"总批次数"为 9，保证"随机数种子"是 −1。

**03 调用 LoRA 模型。**

所谓 LoRA，即微调小模型。LoRA 文件一般比较小。只要有几十张图片，就可以自己训练 LoRA。而且有很多建筑、室内等风格的免费 LoRA 可以使用。例如，根据著名建筑师贝聿铭的作品训练的 LoRA 等。

单击右图所示的图标，开启 LoRA 所在界面。

单击 LoRA 选项卡，再单击其中一个，如 mordernArchi15，选择这个现代建筑 LoRA。

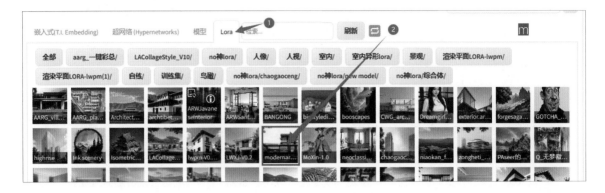

添加之后，正向提示词尾部会自动增加 <lora:modernarchi15:1>，若不需要调用此 LoRA，删除即可。
<lora:modernarchi15:1> 中第二个冒号之后的 1 是指权重。若遇到调用 LoRA 后生成的画面混乱，可调低
该权重，如改为 0.5。

**04 单击"生成"按钮。**

调用该 LoRA 后，再次单击"生成"按钮，观察玻璃幕墙是否比较光洁，能否体现出现代建筑的风格。

还可以尝试调用其他 LoRA，也可以同时调用多个 LoRA，不过建议各 LoRA 权重之和不要大于 1。

## 3.2.2　古根海姆博物馆手稿

本案例利用设计师弗兰克·盖里绘制的西班牙毕尔巴鄂古根海姆博物馆的手稿来生成建筑方案。

▶ **技能点**

利用 CLIP 反推或 PNG 图片信息来获得提示词。

前面我们用到的提示词都是人工思考和输入的，有没有办法从参考图中获得提示词呢？

CLIP 反推就是一种方法。CLIP（Contrastive Language‐Image Pre-training）是一个预训练的文本‐
图像对应神经网络，即用图文对应大模型阅读图片。

选择"图生图"选项卡，单击上传任何参考图片（注意图片分辨率不要太大，否则上传速度很慢），再单击"CLIP 反推"
即可。

上传马岩松设计的哈尔滨大剧院建筑，如下图所示，获得提示词: a building that is sitting on a body of water
with a sky background and clouds in the background and a reflection of the building,architecture,a
digital rendering,hypermodernism。

中文含义：一座坐落在水体上的建筑，背景是天空、云和建筑的倒影，建筑，数字渲染，超现代主义。

如果参考图是由 Stable Diffusion 生成的 PNG 图片且未经任何编辑，其中将包含创建时几乎所有参数和提示词。

▶ **制作步骤**

**01 选择一个大模型。**

启动 Stable Diffusion，选择一个大模型，如 ChilloutMix 模型，也可以多次尝试不同的大模型。

**02 填写正向提示词和反向提示词。**

借鉴从参考图片中获得的提示词，并修改如下。

正向提示词: hypermodernism,Pictorial lotus shaped architecture,a building that is sitting on a body of water with a sky background and clouds in the background and a reflection of the building,a digital rendering,a curved roof,futuristic,environmental art,an abstract sculpture,glass curtains,bronze。

中文含义：超现代主义，莲花形建筑，一座坐落在水体上的建筑，背景是天空、云和建筑的倒影，数字渲染，弯曲的屋顶，未来主义，环境艺术，抽象雕塑，玻璃幕墙，青铜。

反向提示词: illustration,3d,sepia,painting,cartoons,sketch,(worst quality:2),(low quality:2),lowres,((monochrome)),(grayscale:1.2),logo,text,error,extra digit,fewer digits,cropped,jpeg artifacts,signature,watermark,username,blurry。

中文含义：插图，三维，深褐色，绘画，卡通，素描，（最差质量：权重2），（低质量：权重2），低分辨率，（（单色）），（灰度：权重1.2），标志，文本，错误，额外数字，较少数字，裁剪，JPEG 伪影，签名，水印，用户名，模糊。

**03 调用 ControlNet。**

选择 ControlNet Unit 0 选项卡，按下面的步骤设置。

① 上传手绘草图"学习资源 \Ch03\3-2.jpg"。

② 勾选"启用""完美像素模式""允许预览""预处理结果作为输入"复选框。

③ 在"控制类型"中选择"Lineart(线稿)"选项,此时"预处理器"和"模型"中会自动出现内容,如版本较低,需要手动在"模型"栏目中选择 control_v11p_sd15_lineart。

④ 单击"预处理器"和"模型"之间的 ✦ 按钮,运行预处理器,生成黑底白线的预处理结果图片,并在上方显示。

⑤ 设置"控制权重"为 0.45。

⑥ 设置"引导终止时机"为 0.75。

⑦ 把上方输出的图片宽度与高度设置成草图的长宽尺寸,让输出的图片和草图一样大,关键是长宽比一致。

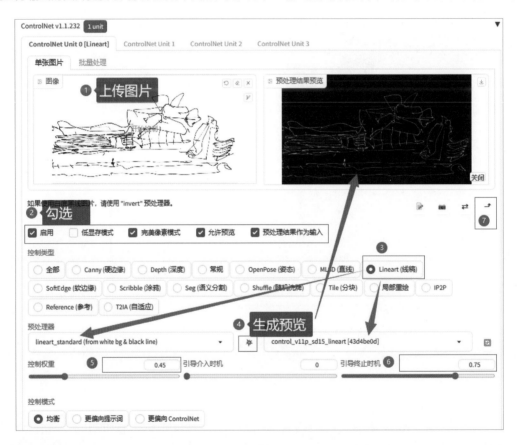

**04 设置其他参数。**

其他参数保持默认值,如"总批次数"为 9,保证"随机数种子"是 -1。

**05 单击"生成"按钮。**

如果需要调整效果,可调整 ControlNet 权重、引导终止时机等,再次单击"生成"按钮,生成图片。

**06 增加 LoRA,再次单击"生成"按钮。**

① 单击"显示 / 隐藏扩展模型"按钮。

② 单击 LoRA 选项卡。

③ 单击选择一个 LoRA，如 mordernarchi15。

④ 提示词栏目自动添加了 &lt;lora:modernarchi15:1&gt;，手动把后面的权重值 1 改为 0.6。

⑤ 单击"生成"按钮，生成图像。

▶ **技能点**

高清放大。

生成的图片如何高清放大？高清放大如何保证造型、材质、色彩不随机变化？

● 高清放大保证造型、材质、色彩不随机变化的关键是使用上次生成图片时的随机数种子。−1 表示每次都随机生成。

● 如果发现高清放大后画面内容变化较大，可以调低"重绘幅度"参数，再次单击"生成"按钮。

● 降低"高分迭代步数"参数，可以大幅度加快速度且对画面影响不大。

● 更多方法详见 7.10 节。

可以采用下图中所示的步骤对图片进行高清放大。

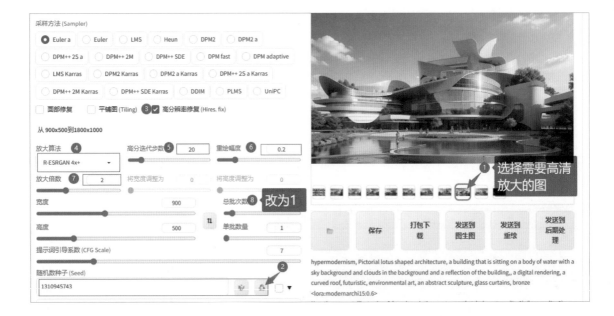

高清放大的效果如下图所示。

### 3.2.3 灵芝状山谷观景台

本案例的目标是创建一座山谷里的观景台，造型像灵芝一样，有人群在上面瞭望，有向上的大楼梯，通体白色。

本案例通过简单粗糙的手稿引导 Stable Diffusion 进行创作，并利用 $X/Y/Z$ 图表的方式进行批量出图，让计算机进行大量运算，创建 100 个或几百个方案，再从中进行挑选。

▶ **制作步骤**

**01 选择一个大模型。**

启动 Stable Diffusion，选择大模型，如 ChilloutMix 模型，也可以多次尝试不同的大模型。

**02 填写正向提示词和反向提示词。**

借鉴 3.2.2 节从参考图片中获得的提示词。

正向提示词: hypermodernism,Pictorial lotus shaped architecture,a building that is sitting on a body of water with a sky background and clouds in the background and a reflection of the building,a digital rendering，a curved roof,futuristic,environmental art,an abstract sculpture,glass curtains,bronze。

中文含义：超现代主义，莲花形建筑，一座坐落在水体上的建筑，背景是天空、云和建筑的倒影，数字渲染，弯曲的屋顶，未来主义，环境艺术，抽象雕塑，玻璃幕墙，青铜。

反向提示词: illustration,3d,sepia,painting,cartoons,sketch,(worst quality:2),(low quality:2),lowres,((monochrome)),(grayscale:1.2),logo,text,error,extra digit,fewer digits,cropped,jpeg artifacts,signature,watermark,username,blurry。

中文含义: 插图，三维，深褐色，绘画，卡通，素描，（最差质量: 权重 2），（低质量: 权重 2），低分辨率，（（单色）），（灰度: 权重 1.2），标志，文本，错误，额外数字，较少数字，裁剪，JPEG 伪影，签名，水印，用户名，模糊。

**03 调用 ControlNet。**

选择 ControlNet Unit 0 选项卡，按下面的步骤设置。

① 上传手绘草图 "学习资源 \Ch03\3-3.jpg"。

② 勾选 "启用" "完美像素模式" "允许预览" 复选框。

③ 在 "控制类型" 中选择 "Lineart（线稿）" 选项，此时 "预处理器" 和 "模型" 中会自动出现内容，如版本较低，需要手动在 "模型" 栏目中选择 control_v11p_sd15_lineart。

④ 单击 "预处理器" 和 "模型" 之间的 💥 按钮，运行预处理器，生成黑底白线的预处理结果图片，图片将显示在上方。

⑤ 设置 "控制权重" 为 0.45。

⑥ 设置 "引导介入时机" 为 0.75。

⑦ 单击 ↵ 按钮，让输出的图片和草图一样大。

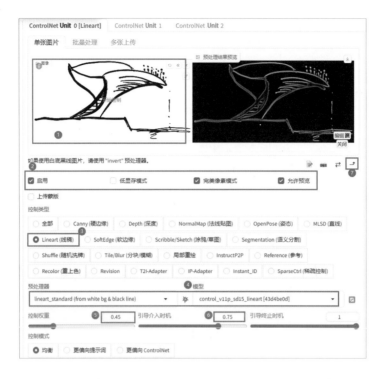

**04 设置其他参数。**

其他参数保持默认值，如"总批次数"为 1，"单批数量"为 1，保证"随机数种子"是 -1。

**05 单击"生成"按钮。**

如果需要调整效果，可调整 ControlNet 权重、引导终止时机等，再次单击"生成"按钮。

**06 增加 LoRA, 再次单击"生成"按钮。**

① 单击 LoRA 选项卡。

② 单击选择一个 LoRA，如 mordernarchi15。

③ 提示词栏目自动添加了 <lora:modernarchi15:1>，手动把后面的权重值 1 改为 0.6。

单击"生成"按钮，生成图像。

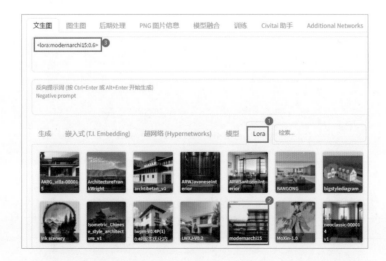

**07** **调整参数。**

调整 ControlNet 权重、引导终止时机、LoRA 权重后，测试生成。生成效果理想后，可按后续方法进行批量生成。

**08** **用 X/Y/Z 图表进行批量出图。**

详细介绍请阅读 7.9 节。

为了发挥 AI 联想的优势，选择多种参数、多种大模型进行组合，产生批量结果。

如 ControlNet 权重设置 0.4、0.45、0.6、0.7、0.8 这 5 种，笔者选择计算机中已经安装的大模型 14 种，共同组合可产生 70 个方案。

这样巨大的计算可能需要很长时间，这和计算机配置（尤其是显卡性能）关系极大，也和设置输出图片大小关系极大。强烈建议在方案创作时，选用性能超强的计算机，设置输出图片宽度和高度不大于 768 像素，千万不要进行高分辨率出图。设置"总批次数""单批数量"均为 1（如果希望输出更多方案，可以将"单批数量"设为 2，就可以输出 140 个方案）。

**09** **单击"生成"按钮。**

以下是笔者分两次批量生成的图片效果。

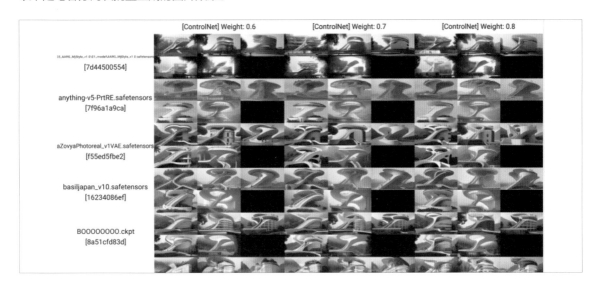

01142-2657524987-curve style building, plateform for visitor, whole white surface, a large white building with a staircase leading to it's top fl.png

01143-2657524983-curve style building, plateform for visitor, whole white surface, a large white building with a staircase leading to it's top fl.png

01144-2657524984-curve style building, plateform for visitor, whole white surface, a large white building with a staircase leading to it's top fl.png

01145-2657524985-curve style building, plateform for visitor, whole white surface, a large white building with a staircase leading to it's top fl.png

01146-2657524986-curve style building, plateform for visitor, whole white surface, a large white building with a staircase leading to it's top fl.png

01147-2657524987-curve style building, plateform for visitor, whole white surface, a large white building with a staircase leading to it's top fl.png

01148-2657524983-curve style building, plateform for visitor, whole white surface, a large white building with a staircase leading to it's top fl.png

01149-2657524984-curve style building, plateform for visitor, whole white surface, a large white building with a staircase leading to it's top fl.png

01150-2657524985-curve style building, plateform for visitor, whole white surface, a large white building with a staircase leading to it's top fl.png

01151-2657524986-curve style building, plateform for visitor, whole white surface, a large white building with a staircase leading to it's top fl.png

01152-2657524987-curve style building, plateform for visitor, whole white surface, a large white building with a staircase leading to it's top fl.png

01153-2657524983-curve style building, plateform for visitor, whole white surface, a large white building with a staircase leading to it's top fl.png

## 3.3 实战：毛坯房照片灵感创作

▶ **学习目标**

使用合理的提示词，并借助 ControlNet，通过图片来控制外形，以及微调小模型来选择风格，从而进行方案创作。

▶ **知识要点**

在大体保持建筑外形和外部环境的前提下，对一栋小别墅和一栋乡村老宅进行方案创作。

创作思路和前面大体是一样的，如下所示。

● 提示词描述设计的内容、风格、色彩、材质、环境等。

● 用 ControlNet 的线稿模型提取毛坯房的结构轮廓线。

● 尝试调整合适权重，让 AI 自由联想。

● 尝试用不同大模型和 LoRA 模型选择风格。

● 批量出图获取成果。

**01** 小别墅

**02** 乡村老宅

▶ **制作步骤**

**01** 选择一个大模型。

启动 Stable Diffusion，选择大模型，如 realistic-arch-sd15-v3 模型，也可以多次尝试不同的大模型。

**02** 填写正向提示词和反向提示词。

正向提示词：masterpiece,best quality,marble wall,hexagon window,glass roof,2-story villa。

中文含义：杰作，最好的质量，大理石墙，六边形窗户，玻璃屋顶，2 层别墅。

反向提示词：illustration,3d,sepia,painting,cartoons,sketch,(worst quality:2),(low quality:2),lowres,((monochrome)),(grayscale:1.2),logo,text,error,extra digit,fewer digits,cropped,jpeg artifacts,signature,watermark,username,blurry。

中文含义：插图，三维，深褐色，绘画，卡通，素描，（最差质量：权重 2），（低质量：权重 2），低分辨率，（（单色）），（灰度：权重 1.2），标志，文本，错误，额外数字，较少数字，裁剪，JPEG 伪影，签名，水印，用户名，模糊。

**03 调用 ControlNet。**

选择 ControlNet Unit 0 选项卡，按下面的步骤设置。

① 上传毛坯房图片"学习资源 \Ch03\3-4.png"。

② 勾选"启用""完美像素模式""允许预览"复选框。

③ 在"控制类型"中选择"Lineart（线稿）"选项，此时"预处理器"和"模型"中会自动出现内容，如果版本较低，需要手动在"模型"栏目中选择 control_v11p_sd15_lineart。

④ 单击"预处理器"和"模型"之间的 ✴ 按钮，运行预处理器，生成黑底白线的预处理结果图片，图片将显示在上方。

⑤ 设置"控制权重"为 0.45。

⑥ 设置"引导终止时机"为 0.75。

⑦ 把上方输出的图片宽度与高度值设置成草图的长宽尺寸。

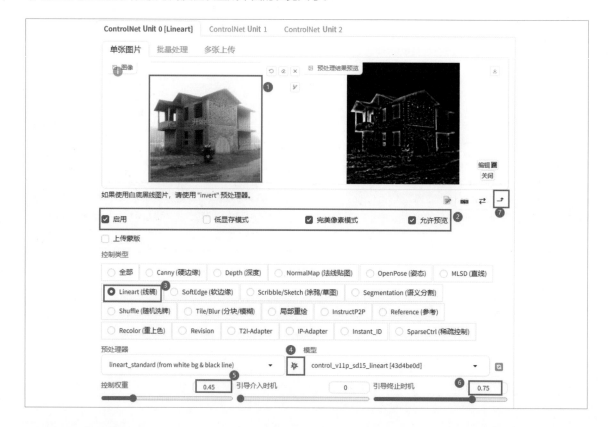

**04 设置其他参数。**

其他参数保持默认值，如"总批次数"为 1，保证"随机数种子"是 −1。

**05 单击"生成"按钮。**

如果需要调整效果，可调整 ControlNet 权重、引导终止时机等，再次单击"生成"按钮。

**06 调用 LoRA。**

调用 "贝聿铭 .LoRA" 和 "东梓关村 .LoRA"，提示词栏目中将自动增加 <lora: 贝聿铭 :1>,<lora: 东梓关村 :1>，再把权重分别改为 0.6 和 0.4。

**07 再次批量生成。**

如果需要调整效果，可调整 ControlNet 权重、引导终止时机等。

把 "总批次数" 设为 9，一批次创作 9 张作品，从生成的结果中挑选理想的方案。

提示
- 修改提示词，获取不同方案。
- 更换大模型，获取不同风格。
- 更换 LoRA 小模型，获取不同风格。
- 适当调整参数，获取不同方案。
- 批量随机生成，获取不同方案。

参考上述方法，读者可自行对乡村老宅进行方案创作。

## 3.4　实战：小型住宅建筑方案创作（简单体块）

使用 Stable Diffusion 的 ControlNet 的预处理模型 Lineart（线稿）或 Seg（语义分割），输入由 SketchUp 拉伸的简单体块图像，并尝试设置相应权重和引导介入时机、选择不同大模型和 LoRA 模型等方法来进行多种建筑方案的创作。

本节尝试简单体块的灵感创作，通过 SketchUp 或其他软件来绘制建筑的简单体块，然后通过提示词和其他方式来进行灵感创作。

通过 Stable Diffusion 可以绘制多种风格的建筑，如由通透玻璃构成的、色调明快的现代建筑；或者是有大理石墙面和玻璃幕墙，还有曲线的建筑体块；或者是与江浙皖农村民居风格类似的建筑；或者是像赖特风格的建筑；或者是地中海风格的建筑等。

也就是说，一个简单的体块可以通过提示词或者增加 LoRA 来创作出多种多样的风格。

### 3.4.1　现代钢木建筑

▶ **学习目标**

学习使用合理提示词和 ControlNet 进行方案创作。

▶ **知识要点**

❶ 正向提示词：masterpiece,best quality,2-story building,small house,wood steel and glass facade, on green field,blue sky。

中文含义：杰作，最好的质量，2 层楼，小房子，木钢和玻璃立面，在绿色的田野上，蓝天。

其中 wood steel and glass facade 是本方案的要点之一。材料和质感是本方案的一个要点，并不是说这些提示词是表现材料和质感的唯一词汇，还可以灵活采用其他词汇。

❷ 使用 ControlNet 的预处理模型 Lineart（线稿）控制生成效果。

由 SketchUp 拉伸的简单体块如左下图所示，灵感创作之后的效果如右下图所示。

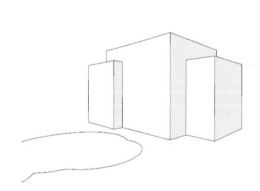 

▶ **制作步骤**

**01** **在 SketchUp 中绘制下图所示的三个体块。**

这是概念方案，尺寸不需要精确，有大概的比例关系即可。另外，Stable Diffusion 中也没有精确的尺寸概念，只有相对关系，如建筑和树木的相对关系，提示词中 2 层楼的相对控制，建筑长宽高的相对合理尺寸等。

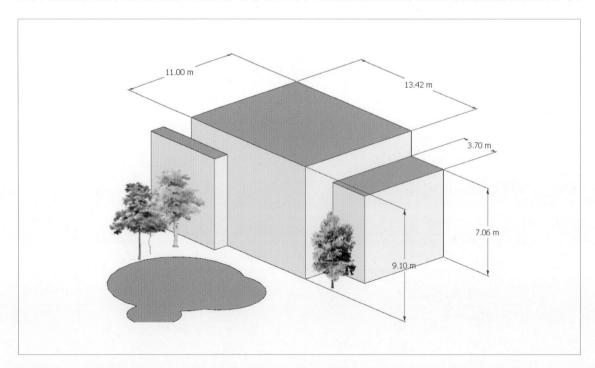

在 SketchUp 中调整观察角度到透视图角度，输出为图片或截图为图片，也可直接用本书学习资源中提供的素材（学习资源 \ch03\3-5.png）。

**02 转到 Stable Diffusion 中，设定基础参数。**

选择"文生图"选项卡，选择合适的大模型，如 orangechillmix_v70。设置"迭代步数（Steps）"为 20，"采样方法（Sampler）"为 Eluer a，"提示词引导系数（CFG Scale）"为 5，"随机数种子（Seed）"为 −1。这里未提及的参数建议保留默认值。

**03 填入提示词。**

正向提示词：masterpiece,best quality,2-story building,small house,wood steel and glass facade,on green field,blue sky。

中文含义：杰作，最好的质量，2 层楼，小房子，木钢和玻璃立面，在绿色的田野上，蓝天。

反向提示词：illustration,3d,sepia,painting,cartoons,sketch,(worst quality:2),(low quality:2),lowres,((monochrome)),(grayscale:1.2),logo,text,error,extra digit,fewer digits,cropped,jpeg artifacts,signature,watermark,username,blurry。

中文含义：插图，三维，深褐色，绘画，卡通，素描，（最差质量：权重 2），（低质量：权重 2），低分辨率，（（单色）），（灰度：权重 1.2），标志，文本，错误，额外数字，较少数字，裁剪，JPEG 伪影，签名，水印，用户名，模糊。

**04 调用 ControlNet。**

选择 ControlNet Unit 0 选项卡，按下面的步骤设置。

① 上传在 SketchUp 中绘制的图片 3-5.png。

② 勾选"启用""完美像素模式""允许预览""预处理结果作为输入"复选框。

③ 在"控制类型"中选择"Lineart（线稿）"选项，此时"预处理器"和"模型"中会自动出现内容，如果版本较低，需要手动在"模型"栏目中选择 control_v11p_sd15_lineart。

④ 单击"预处理器"和"模型"之间的 按钮，运行预处理器，生成黑底白线的预处理结果图片，图片将显示在上方。

⑤ 设置"控制权重"为 0.45。

⑥ 设置"引导终止时机"为 0.75。

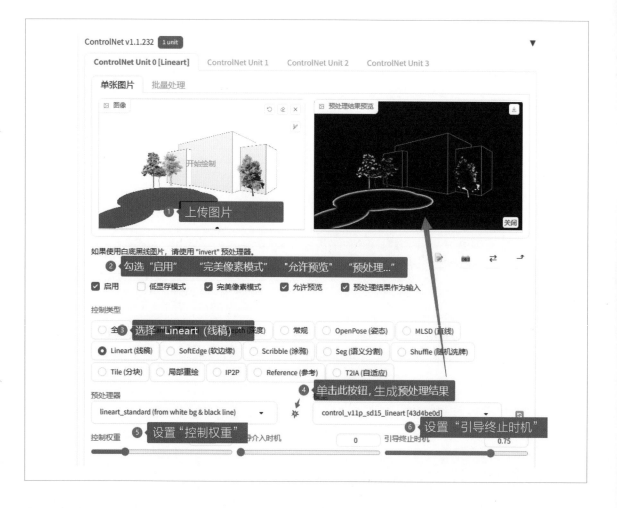

## 05 设置尺寸。

单击下图中右下角的按钮，把界面上方的"宽度"和"高度"分别设置成本参考图的长宽尺寸。

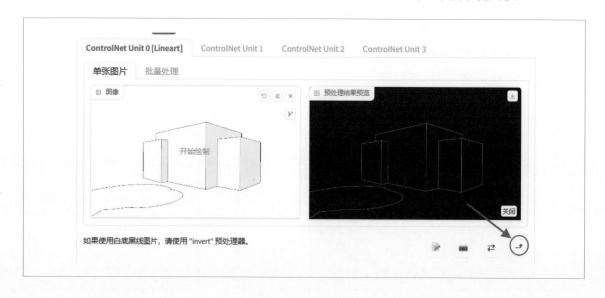

**06 单击"生成"按钮。**

因为前面设置的权重较小，AI 发挥联想具有很大空间，每一次生成的结果都是随机的。右图是其中一张成果。

**07 批量生成。**

生成多幅绘画成果有助于获得比较理想的方案。设置"总批次数"为 9，再次单击"生成"按钮，生成的效果如下图所示。

**08 调整参数，再次批量生成。**

建议调整 ControlNet 的权重和"引导终止时机"，再次单击"生成"按钮，生成更多可以参考的图像。

**思考** ----------------------------------------------------------------------- ❯

在建筑方案创作之初，一般建筑的地块是确定的，建筑的占地、面积和大体轮廓是确定的。

在这个情况下，可以利用 AI 帮我们去探索更多的造型的可能性，为设计提供参考。

例如，生成的某个方案墙面上有绿篱，或者某些地方有一个凹入的走廊等。有了这些参考，我们的创作思路有可能会变得更开阔、更丰富。

## *3.4.2* 地中海风格建筑

▶ **学习目标**

学习提示词对画面风格的影响和提示词权重的设置。

▶ **知识要点**

❶ 正向提示词增加：the Mediterranean,Mediterranean architecture style。

中文含义：地中海，地中海建筑风格。

❷ 提示词权重设置：(Mediterranean architecture style:1.3)，权重设为 1.3；或 (((Mediterranean architecture style)))，三重括号表示权重设为 $1.1 \times 1.1 \times 1.1$。

❸ 修改 ControlNet 的预处理模型使用的线稿轮廓，增加坡屋顶要素。可以在 SketchUp 中修改简单的三维模型，也可以在已经输出的图片中用绘画软件直接修改。

注意图中屋顶部分线条的修改

▶ **制作步骤**

**01** **修改提示词。**

将"地中海建筑风格"对应的英文添加到提示词最前面，并设置其权重为 1.3，格式为 (Mediterranean architecture style:1.3)。

**02** **单击"生成"按钮。**

保持"总批次数"为 9，单击"生成"按钮。

设计的过程是不断优化的过程，在上一步中，直接设置提示词"地中海建筑风格"的权重为 1.3，且放在最前面，它是本案例中权重最大的提示词，因此生成的结果大概率具备一定的地中海建筑风格。

但是，在绘制复杂而丰富的项目时，常常采用很多个提示词，其权重也有不少强调的设置，这时候，新增加的提示词"地中海建筑风格"权重设置为多少合适呢？这就需要多次调整和探索。

实践中发现，即使设置了最高权重 2.0，也没有得到代表地中海建筑风格的坡屋顶。这时候，需要思考另一个问题：提示词和 ControlNet 哪一个有优先权呢？这就是"控制模式"中三个选项的意义。

思考 ······························································································ ＞

增加提示词"地中海建筑风格"、调整权重、修改控制模式再出 9 张图之后，会发现增加了一些代表地中海建筑风格的细节，如墙面上的灯饰、小阳台等，但发现地中海建筑风格还不够强烈。

如果再降低 ControlNet 的控制权重，如设为 0.2、0.3，这时地中海建筑风格会明显增强，但结果可能和我们原本想要的建筑形体差异极大。这就迫使我们思考，上一步提供的以长方形为主的线稿轮廓是不是控制力太强，可不可以简单绘制一下坡屋顶，引导 AI 向这方面生成呢？

**03 修改 ControlNet 的预处理模型使用的线稿轮廓。**

可以在 SketchUp 中通过创建坡屋顶的方式绘制，也可以在 Photoshop 或任意图片处理软件中绘制表现坡屋顶的概念线条。注意，表现坡屋顶的线条可以绘制得不精确、不详细。

在 Stable Diffusion 的 ControlNet Unit 0 中，重新选择上一步修改后的图片；保持"控制类型"为"Lineart（线稿）"；单击 ▣ 按钮，重新生成黑底白线的预处理图片。

**04 单击"生成"按钮。**

保持"总批次数"为 9，单击"生成"按钮，批量生成效果图。

建议调整 ControlNet 的权重和"引导终止时机"，再次单击"生成"按钮。

经过多次尝试出图，下图是其中几个范例。

### 3.4.3　利用微调小模型（LoRA）生成特定风格建筑

▶ **学习目标**

❶ 学习 LoRA 模型的调用方法（另见 7.3 节）。

❷ 生成具备著名建筑师或著名建筑风格的图片，如贝聿铭风格、赖特风格等。

▶ **知识要点**

❶ 什么是 LoRA 模型？LoRA 是小数据量的模型，一般是通过几十张典型图片按特定方法预先训练生成的模型。现在的 LoRA 模型根据网络层数的不同，文件大小一般为 144MB、72MB、36MB。LoRA 的特点是数据量小、训练快、训练简单，方便业界交流合作，既可以采用他人提供的 LoRA 模型，也可以自行训练。

❷ LoRA 模型的权重设置和防止过拟合。

▶ **制作步骤**

**01** **继续前面的案例，提示词可自行修改。**

**02** **选择 LoRA。**

按下面的步骤设置。

① 单击"生成"按钮下方的"显示 / 隐藏扩展模型"按钮。

② 单击 LoRA 选项卡。

③ 在下方的图片列表中，选择合适的LoRA，如"贝聿铭"。注意，单击相应图标的空白处，不要单击右上角的❶和工具图标。

④ 观察正向提示词编辑框中的文字变化。<lora: 贝聿铭 :1> 就是调用格式，其中的数字 1 是默认的权重。

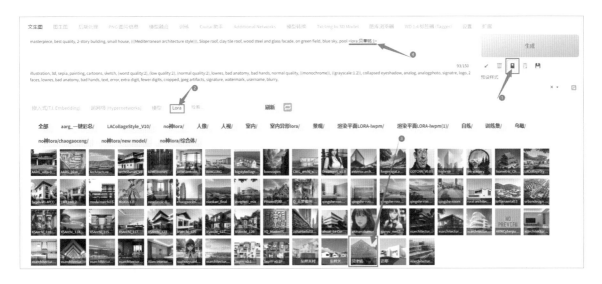

**03 单击"生成"按钮。**

保持"总批次数"为 9，单击"生成"按钮。观察生成的效果。

建议调整 ControlNet 的权重（建议 0.4~0.6）和"引导终止时机"（建议 0.75），再次单击"生成"按钮。

经过多次尝试出图，下图是其中几个范例。

调用赖特风格 LoRA

调用柯布西耶风格 LoRA

调用贝聿铭风格 LoRA

调用贝聿铭风格 LoRA

**04 尝试调用东梓关村 LoRA。**

在 LoRA 界面中再次单击"贝聿铭",可以取消上次对"贝聿铭"LoRA 的调用。也可以直接在正向提示词编辑框中将相关的提示词删除。单击"东梓关村"LoRA 进行调用（如果未安装，请参照 7.3 节介绍的方法安装，文件在"学习资源 \Ch03\LoRA"中）。

**05 修改 ControlNet 的预处理模型使用的线稿轮廓。**

因为参考的东梓关村建筑立面以曲线屋顶为主要特色，所以需要修改线稿轮廓图。建议在 Photoshop 或任意图片处理软件中绘制表现曲线屋顶的概念线条。也可直接用本书提供的素材（学习资源 \Ch03\3-6.png）。

注意，表现屋顶的线条可以绘制得不精确、不详细。

在 Stable Diffusion 的 ControlNet Unit 0 中，重新选择修改后的图片，保持"控制类型"为"Lineart（线稿）"，重新生成黑底白线的预处理图片。

**06 单击"生成"按钮。**

保持"总批次数"为 9，单击"生成"按钮，批量生成效果图。

建议调整 ControlNet 的权重和"引导终止时机"，再次单击"生成"按钮。

经过多次尝试出图，下图是其中一个范例。其他风格 LoRA 的调用，请自行练习。

## 3.4.4  利用ControlNet的语义分割（Seg）生成建筑方案

▶ **学习目标** ----------------------------------------------------------------

用语义分割图控制生成建筑方案的画面内容、风格等。

▶ **知识要点** ----------------------------------------------------------------

❶ 语义分割的含义。

建筑方案的生成结果是一幅画，画面的内容布局是需要重点考虑的。尽管提示词和 ControlNet 的线稿模型是常用的控制方法，但是在上一小节中，我们发现在通过简单线条来创作建筑概念方案时，若只绘制很少的轮廓线条，每一根轮廓线条的控制权重过大，不利于 AI 发挥创意联想的能力。另外，同样一根或一组简单的轮廓线条，

AI 不能明确识别其代表的含义，如地面的一个区域轮廓，是代表水面、路面、还是草图具有很大的随机性；又如，室内墙面上一个圆，是代表一扇窗户还是一面镜子无法通过轮廓确定。这就需要语义分割技术，语义分割技术是按照特定的协议，用不同颜色代表不同物体。

❷ 语义分割图的制作方法。

下面是两幅语义分割图，左下图是在 SketchUp 中为材质设置颜色，或在 Photoshop 中填充颜色；右下图是 Stable Diffusion 的 ControlNet 中根据图片生成的区域语义划分图。具体色彩符合特定的协议，可参见学习资源中的 ADE20K 图表解释（详见"学习资源 \SEG\ADE20K–SEG（原版）.pdf"）。

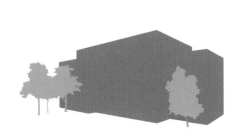

❸ 语义分割图的优点。

● 明确不同物体、不同材质的位置和形状。

● 物体内部细节没有划分，给 AI 提供丰富的联想空间。

❹ 语义分割图的调用方法，参考以下步骤。

▶ **制作步骤** ------------------------------------------------------------

**01** **继续上面的案例，提示词保持不变。**

**02** **关闭 ControlNet Unit 0 选项卡。**

关闭线稿控制图片的启动，即取消 ControlNet Unit 0 的选择。

**03** **选择 ControlNet Unit 1 选项卡。**

在 ControlNet 中选择 ControlNet Unit 1 选项卡。

① 单击上传图片文件"学习资源 \Ch03\3-7.png"。

② 将"控制类型"设置为"Seg（语义分割）"。

③ 把"预处理器"改为 none。正常情况下，如果从真实感图片来生成语义分割图，这里不能改为 none；现在因为已经按协议绘制了语义分割图，不需要程序再次分析，故改为 none。

④ "模型"栏目保持 Seg 对应的模型。

⑤ 单击 按钮，生成语义分割图。这里仅把现成的语义分割图复制一下。

⑥ "控制权重"可以尝试设置，如 0.45；"引导终止时机"设为 0.75，给 AI 提供足够的创意发挥空间。

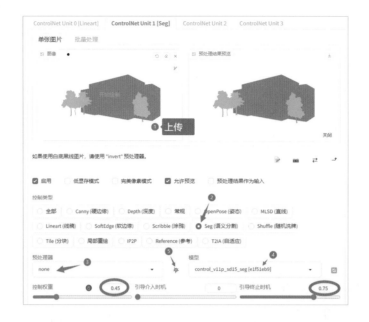

**04 调用其他大模型。**

"Stable Diffusion 模型"栏目调用下图所示的模型。

**05 单击"生成"按钮。**

保持"总批次数"为 9，单击"生成"按钮，批量生成效果图。

**06 尝试调用新 LoRA。**

在 LoRA 界面中取消上次调用的 LoRA，单击名为 xsarchitectural 的 LoRA 图标，正向提示词栏目会出现
<lora:xsarchitectural:1>。

**07 在新 LoRA 控制下再次单击"生成"按钮。**

保持"总批次数"为 9，再次单击"生成"按钮。下图是其中一种方案的效果。

# 3.5  实战：水边高层建筑方案创作（简单体块）

▶ **学习目标**

学习用 ControlNet 的线稿模式和语义分割图联合控制，生成高层建筑方案。

▶ **知识要点**

❶ 建筑体块轮廓与周边环境的绘制。

❷ 语义分割图的绘制和调用，控制建筑环境地面、水面等的位置。

使用 Stable Diffusion 的 ControlNet 的预处理模型 Lineart（线稿）或 Seg（语义分割），输入由 SketchUp 制作的简单体块图像，并尝试设置相应权重和引导介入时机、选择不同大模型和 LoRA 模型等方法来进行多种建筑方案的创作。

## 3.5.1  高层建筑方案创作1

本案例尝试简单体块的灵感创作，通过 SketchUp 或其他软件来绘制建筑的简单体块，然后通过提示词和其他方式来进行灵感创作。

需要明确本建筑方案是一个位于湖边的由裙房和两栋塔楼构成的高层建筑，宏观形体在 SketchUp 中创建，宏观尺度也由 SketchUp 把控。

本案例将重点讲解创作中遇到的几个难点和处理对策。

▶ **制作步骤**

**01 绘制建筑大体轮廓图。**

建议在 SketchUp 中绘制，也可以手绘扫描或在其他绘图软件中绘制。最终输出一张代表建筑大体轮廓的图片，也可直接用本书提供的素材（学习资源 \Ch03\3-8.png）。

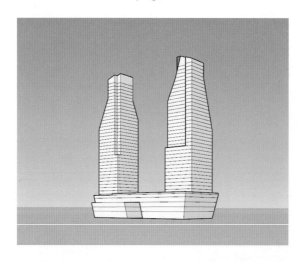

**02 启动 Stable Diffusion，设定基础参数。**

选择"文生图"选项卡，并选择合适的大模型，如 orangechillmix_v70。设置"迭代步数（Steps）"为 20，"采样方法（Sampler）"为 Eluer a，"提示词引导系数（CFG Scale）"为 5，"随机数种子（Seed）"为 -1。这里未提及的参数建议保留默认值。

**03 填入提示词。**

正向提示词：Skyscrapers,urban landscape,streets,pedestrians,vehicles,lake foreground,with distant mountains in the background,more high-rise buildings in the surrounding area,and a clear blue sky with fine white clouds,tree。

中文含义：摩天大楼，城市景观，街道，行人，车辆，湖泊前景，背景是远山，周围有更多的高层建筑，有细密白云的晴朗蓝天，树木。

反向提示词：illustration,3d,sepia,painting,cartoons,sketch,(worst quality:2),(low quality:2),lowres,((monochrome)),(grayscale:1.2),logo,text,error,extra digit,fewer digits,cropped,jpeg artifacts,signature,watermark,username,blurry。

中文含义：插图，三维，深褐色，绘画，卡通，素描，（最差质量：权重 2），（低质量：权重 2），低分辨率，（（单色）），（灰度：权重 1.2），标志，文本，错误，额外数字，较少数字，裁剪，JPEG 伪影，签名，水印，用户名，模糊。

**04 调用 ControlNet。**

选择 ControlNet Unit 0 选项卡，按下面的步骤设置。

① 调用从 SketchUp 中得到的图片"3-8.png"。

② 勾选"启用""完美像素模式""允许预览"复选框。

③ 在"控制类型"中选择"Lineart（线稿）"选项，此时"预处理器"和"模型"中会自动出现内容，如果版本较低，需要手动在"模型"栏目中选择 control_v11p_sd15_lineart。

④ 单击"预处理器"和"模型"之间的 ⚡ 按钮，运行预处理器，生成黑底白线的预处理结果图片，图片将显示在上方。

⑤ 设置"控制权重"为 0.45。

⑥ 设置"引导终止时机"为 0.75。

⑦ 在"控制模式"中选择"均衡"。

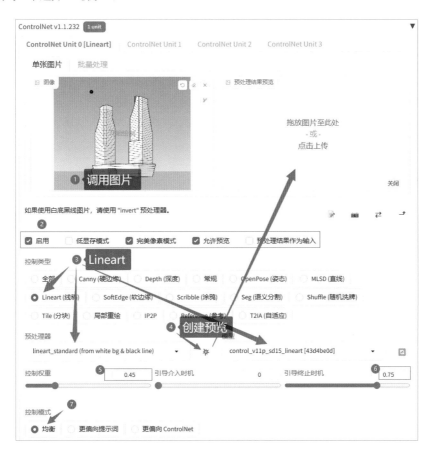

**05** **单击"生成"按钮。**

保持"总批次数"为 1，单击"生成"按钮。观察生成的效果。

**06** **发现问题，寻找对策。**

生成的效果是随机的，大概率会遇到一些问题，比如建筑悬空、建筑和地面之间有飘浮感等。

解决以上问题的常见方法有两种：一种方法是反复生成或提高总批次数，在生成的多个随机方案中寻找合适的方案；另一种方法是再增加一个 ControlNet，用语义分割技术明确水面、路面、建筑等空间的位置关系。

**07** **处理问题 1：建筑悬空。**

用 Windows 系统的画图板工具打开图片"3-8.png"，用画线工具绘制黑色地平线和水面分隔线，再存盘为图片"3-9.png"。

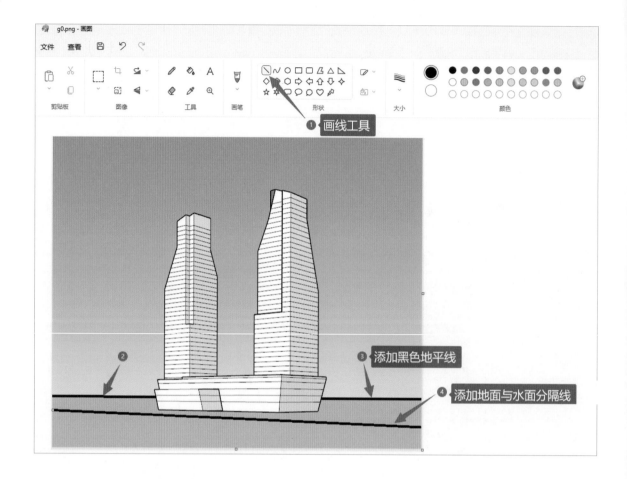

**08 ControlNet 中重新调用上图。**

选择 ControlNet Unit 0 选项卡，按下面的步骤设置。

① 单击界面中图片右上角的 × 按钮，删除原有图片，重新选择上一步得到的图片"3-9.png"。

② 单击"预处理器"和"模型"之间的 按钮，运行预处理器，生成黑底白线的预处理结果图片，图片将显示在上方。

③ 其他参数保持不变。

**09 处理问题 2：水面位置不恰当。**

用 Photoshop 打开图片"3-9.png"。

① 用魔棒工具选择水面区域。

② 设置前景色的 RGB 分别为 61、230、250（依据语义分割协议 ADE20K 图表）。

③ 用前景色填充水面区域。

④ 再次用同样的方法，填充人行道区域色彩为 RGB(235、255、7)，代表人行道。

⑤ 将处理后的图片另存为"3-10.jpg"。为什么这里不存盘为 PNG 格式呢？因为如果绘制的图中有完全没被覆盖的部分，即图中存在透明区域，PNG 格式将记录此透明区域。但是，Stable Diffusion 的语义分割功能不能识别透明的 PNG 格式。所以保险起见，建议存为不含透明区域的 JPG 格式。

图中没有对天空、建筑按照协议颜色进行语义分割色彩的填充，周边建筑、树木也没有进行语义分割色彩填充，这是因为 Stable Diffusion 能够智能识别和补充。

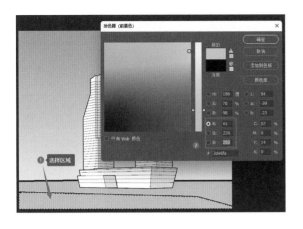 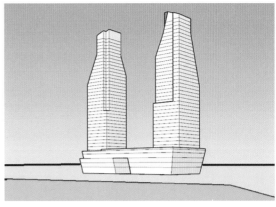

**⑩ ControlNet 中重新调用上图。**

选择 ControlNet Unit 1 选项卡，按下面的步骤设置。

① 选择上一步得到的图片"3-10.jpg"。

② 勾选"启用""完美像素模式""允许预览"复选框。

③ 在"控制类型"中选择"Seg（语义分割）"。此时"预处理器"和"模型"中会自动出现内容，如果版本较低，
　需要手动在"模型"栏目中选择 control_v11p_sd15_seg。

④ 将"预处理器"改为 none。因为上传的图像已经是按照语义分割协议绘制的，不再需要额外预处理。这一
　点请特别注意。

⑤ 单击"预处理器"和"模型"之间的 ⚡ 按钮，运行预处理器，生成黑底白线的预处理结果图片，图片将显
　示在上方。

⑥ 设置"控制权重"为 0.65。

⑦ 设置"引导终止时机"为 0.75。

⑧ 在"控制模式"中选择"均衡"。

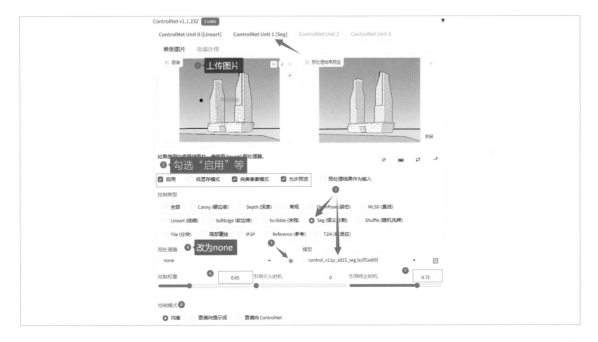

**11 单击"生成"按钮。**

设置分辨率为合适大小和比例，保持"总批次数"为1，单击"生成"按钮，生成图像。观察生成的效果，调整两个 ControlNet 的权重等参数，可以再次单击"生成"按钮，批量生成图像。右图为其中一张成果。

## 3.5.2　高层建筑方案创作2

　　本小节继续上一小节的建筑方案进行创作。上一小节利用预处理模型 Lineart（线稿）进行体块控制，某种程度上约束了多种创意的可能性。本小节改用另一种控制方法，即使用语义分割图的方法。这样，在轮廓之内，建筑的造型完全不受线条控制，会有更多创意可能性，还可以通过语义分割图控制地面、水面等。

▶ **制作步骤**

**01 重新绘制语义分割图。**

用 Photoshop 打开图片"学习资源\Ch03\3-10.jpg"。在此基础上，用语义分割协议的色彩填充主体建筑、天空，补充绘制任意的配景建筑，也可以绘制树木、绿化等，还可以在绘制时强调水面边界的不规则自由变化等。

注意，在语义分割图中，没有绘制建筑楼层线，为 AI 的联想提供了自由发挥的空间。若不用 Photoshop 修改，可以直接调用"学习资源\Ch03\3-11.jpg"，效果如右图所示。

**02 重新设置 ControlNet。**

选择 ControlNet Unit 0 选项卡，取消勾选"启用"，即不再使用 Lineart（线稿）模型。选择 ControlNet Unit 1 选项卡，重新上传图片，即"3-11.jpg"。

**03 单击"生成"按钮。**

将"总批次数"设为 9，其他参数保持不变，单击"生成"按钮，批量生成效果图。

观察生成的效果，调整 ControlNet 的权重等参数，再次单击"生成"按钮，批量生成。下图为其中一张成果。

建议 ─────────────────────────────────────────────────────────────────────────── ▶

1. 生成理想的方案之后，可以进行高清分辨率的放大，方法参见 7.10 节。

2. 可以使用不同的提示词，选择不同的大模型、不同的 LoRA 模型，生成不同风格的图片。

第 4 章

# 室内渲染与创作实战

**本章介绍**

本章通过手绘图、简单三维模型、毛坯房照片等，学习使用
Stable Diffusion 进行室内效果图绘制和室内方案创作。其中
学习应用 ControlNet 的预处理模型 Lineart（线稿）、Depth
（深度）、Seg（语义分割）等来实现对室内环境的控制，以
及学习在 SketchUp 中通过毛坯房照片匹配快速建模的方法，
进一步掌握 Stable Diffusion 的工作流程和设置参数的技巧。

**学习目标**

● 掌握 ControlNet 的预处理模型 Lineart（线稿）的使用方法。
● 掌握 ControlNet 的预处理模型 Depth（深度）的使用方法。
● 掌握ControlNet的预处理模型Seg（语义分割）的使用方法。
● 掌握在 SketchUp 中通过照片匹配快速建模的方法。

## 4.1　实战：室内手绘效果渲染

▶ **学习目标**

掌握利用 Stable Diffusion 将手绘室内透视图创作为室内效果图的方法。

▶ **知识要点**

❶ 撰写合适的提示词。

❷ 使用 ControlNet 并设置权重参数。

❸ 选择合适的大模型和 LoRA 模型。

### 4.1.1　宴会厅

本案例采用比较细致丰富的手绘稿进行渲染，思路大体如下。

- 用提示词描述场景内容、风格、色彩、材质、灯光、环境等。
- 用 ControlNet 调用手绘稿来控制画面详细布局。若手绘稿详细，则不需要留给 AI 太多的联想空间；若手绘稿粗略，则需要留给 AI 较多的联想空间，这就相当于根据方案进行创作，而不只是绘制效果图。本案例的手绘稿比较精细，可以设置较高权重。
- 选用不同的大模型获得不同的效果。
- 选用不同的 LoRA 模型，精确控制风格，如新中式风格、北欧风格、赛博朋克风格等。
- 用参考图片影响出图风格。

▶ **制作步骤**

**01 启动 Stable Diffusion，基础参数设置如下。**

大模型：ChilloutMix；外挂 VAE 模型：Automatic；CLIP 终止层数：2；图像宽高：800 像素 ×600 像素；总批次数：1；单批数量：1；迭代步数：20；采样方法：Euler a；提示词引导系数：7；随机数种子：-1。

**02 填写提示词。**

正向提示词：masterpiece,best quality,Minimalist,modern,interior design,hotel lobby,new chinese style,cozy,crystal chandeliers,carpets,potted plant,light。

中文含义：杰作，最佳质量，极简主义，现代，室内设计，酒店大堂，新中式，舒适，水晶吊灯，地毯，盆栽，灯光。

反向提示词：((monochrome)),((grayscale:1.2)),(worst quality:2),(low quality:2),(normal quality:2),lowres, signature,logo,text,extra digit,fewer digits,jpeg artifacts,watermark,username,blurry,illustration,cartoons。

中文含义：（（单色）），（灰度：权重1.2），（最差质量：权重2），（低质量：权重2），（正常质量：权重2），低分辨率，签名，标志，文本，额外数字，较少数字，JPEG伪影，水印，用户名，模糊，插图，卡通。

**03 调用 ControlNet。**

选择 ControlNet Unit 0 选项卡，按以下步骤设置。

① 上传手绘图片"学习资源\Ch04\4-1.jpg"。

② 勾选"启用""完美像素模式""允许预览"复选框。

③ 在"控制类型"中选择"Lineart（线稿）"选项，此时"预处理器"和"模型"中会自动出现相应内容，如版本较低，则需要手动在"模型"中选择 control_v11p_sd15_lineart。

④ 单击"预处理器"和"模型"之间的 💥 按钮，运行预处理器，生成黑底白线的预处理结果图片，并显示在上方。

⑤ 设置"控制权重"为0.5。

⑥ 设置"引导终止时机"为0.75。

⑦ 在"控制模式"中选择"均衡"选项。

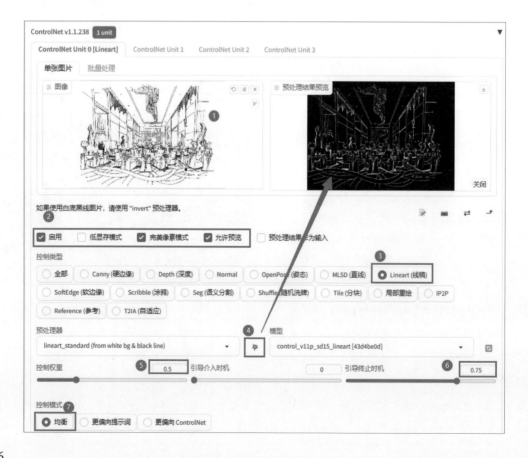

**04** **单击"生成"按钮。**

可以尝试设置不同的 ControlNet 权重，观察每次生成的效果。

**05** **更换大模型或添加 LoRA 模型。**

可以更换大模型，观察生成的效果。

也可以添加 LoRA 模型。在正向提示词中增加 <lora:xsarchitectural_v1:0.4>，或者选择 LoRA 选项卡，在扩展界面单击图片，添加一个 LoRA 模型。

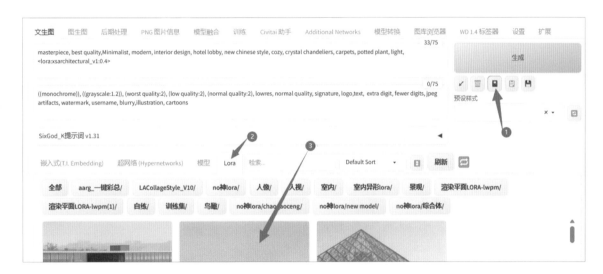

下图为重新生成的图片。

**06 添加参考图片。**

取消 LoRA 的调用：在正向提示词中删除有关 LoRA 的条目，或再次单击上次选用 LoRA 的图标，就可以取消 LoRA 的调用。

① 选择 ControlNet Unit 1 选项卡。

② 上传手绘图片"学习资源 \Ch04\4-2.jpeg"。

③ 勾选"启用""允许预览"复选框。

④ 在"控制类型"中选择"Reference（参考）"选项，此时"预处理器"中会自动出现相应内容，如版本较低，则需要手动选择 reference_only。

⑤ 单击 ⏻ 按钮，运行预处理器，本处仅复制参考图片。

⑥ 设置"控制权重"为 1.55。

⑦ 设置"引导终止时机"为 1。

⑧ 设置 Style Fidelity（only for "Balanced" mode）为 0.5。

**07 生成图片。**

可以调整 ControlNet 权重和"引导终止时机"等参数，单击"生成"按钮，尝试生成理想的方案图。

## 4.1.2　住宅客厅

　　本案例和上一案例采用相同的方法、步骤、参数，也能得到精美的渲染图。如果降低 ControlNet 权重，则留给 AI 较大的联想空间，出图方案会更丰富，但随之而来的问题是图中某些重要的元素发生了变化，在实际运用中，这些变化又是不被允许的。比如下面右上图和右下图最大的区别就是大落地窗和电视柜，如果要明确控制某个位置是落地窗，怎么办呢？前面我们讲解了语义分割的方法，这是可以的。本小节采用另外一种方法——深度图。请观察下面左下图，空间上颜色的深浅代表各点与相机的距离。

▶ **制作步骤**

**01 启动 Stable Diffusion，基础参数设置如下。**

大模型：ChillouMix；外挂 VAE 模型：Automatic；CLIP 终止层数：2；图像宽高：800 像素 ×600 像素；总批次数：1；单批数量：1；迭代步数：20；采样方法：Euler a；提示词引导系数：7；随机数种子：-1。

**02 填写提示词。**

正向提示词：masterpiece,best quality,interior design,living room,digital rendering,super realism,plants, TV,painting。

中文含义：杰作，最佳质量，室内设计，客厅，数字渲染，超现实主义，植物，电视，绘画。

反向提示词：illustration,3d,sepia,painting,cartoons,sketch,(worst quality:2),(low quality:2),lowres, ((monochrome)),(grayscale:1.2),logo,text,error,extra digit,fewer digits,cropped,jpeg artifacts, signature,watermark,username,blurry。

中文含义：插图，三维，深褐色，绘画，卡通，素描，（最差质量：权重 2），（低质量：权重 2），低分辨率，（（单色）），（灰度：权重 1.2），标志，文本，错误，额外数字，较少数字，裁剪，JPEG 伪影，签名，水印，用户名，模糊。

**03 调用 ControlNet。**

选择 ControlNet Unit 1 选项卡，按以下步骤设置。

① 上传手绘图片"学习资源 \Ch04\4-3.jpg"。

② 勾选"启用""完美像素模式""允许预览""预处理结果作为输入"复选框。

③ 在"控制类型"中选择"Lineart（线稿）"选项，此时"预处理器"和"模型"中会自动出现相应内容，如版本较低，需要手动在"模型"中选择 control_v11p_sd15_lineart。

④ 单击"预处理器"和"模型"之间的 🔛 按钮，运行预处理器，生成黑底白线的预处理结果图片，并显示在上方。

⑤ 设置"控制权重"为 0.85。

⑥ 设置"引导终止时机"为 0.75。

"控制模式"保持选择"均衡"选项。

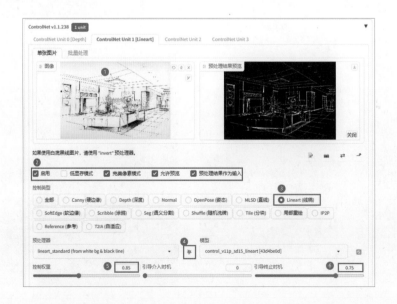

**04 生成图片。**

可以尝试不同的 ControlNet 权重，单击"生成"按钮，观察生成的效果。

**05 创建深度图。**

如果生成的结果和上图相近，没有落地窗，可按以下步骤操作。

① 选择 ControlNet Unit 2 选项卡。

② 拖入上次生成的图片。可以从界面中把上次得到的图片直接拖入。

③ 勾选"启用""完美像素模式""允许预览"复选框。

④ 在"控制类型"中选择"Depth（深度）"选项。

⑤ 单击"预处理器"和"模型"之间的 按钮，运行预处理器，可立刻生成灰度预处理结果图片。

在灰度预处理结果图片上右击，在弹出的快捷菜单中选择"图片另存为 ..."选项，将图片另存为"4-4 深度图 .png"。

**06 修改深度图。**

在 Photoshop 中打开深度图，选择需要开窗的区域，设置笔刷颜色为黑色。选择落地窗区域，填充黑色，将调整后的图片存储为"4-5 深度图修改 .png"。

关闭 ControlNet Unit 2 的启用，即取消勾选"启用"复选框，此时 ControlNet Unit 2 选项卡由绿色变为灰色。

**07 用修改后的深度图去控制 ControlNet Unit 0。**

选择 ControlNet Unit 0 选项卡，按以下步骤设置。

① 当前界面中只有一个已经启用的 ControlNet 选项卡，是绿色的。此时选择 ControlNet Unit 0 选项卡。

② 拖入前面存储的"4-5 深度图修改 .png"。也可以调用"学习资源 \Ch04\4-5 深度图修改 .png"文件。

③ 勾选"启用""完美像素模式""允许预览""预处理结果作为输入"复选框。

④ 在"控制类型"中选择"Depth（深度）"选项。

⑤ 在"预处理器"中选择 none，这一步很重要，因为输入的是灰度图，不需要再预处理了。

⑥ 单击"预处理器"和"模型"之间的 ⭐ 按钮，运行预处理器，可立刻复制灰度图。

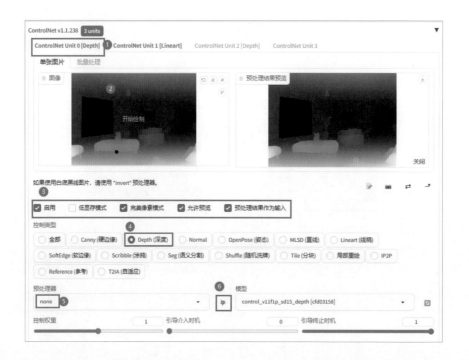

**08** **添加 LoRA 模型。**

在正向提示词中增加 <LoRA:xsarchitectural_v1:0.3>。

**09** **生成图片。**

可以调整 ControlNet 权重和"引导终止时机"等参数，单击"生成"按钮，尝试生成理想的方案。

若参数合适，建议把"总批次数"设为 10，批量生成图片。

# *4.2* 实战：接待大厅（SketchUp精细模型）

▶ **学习目标**

掌握利用 SketchUp 精细建模的透视图进行室内效果图创作的方法。

▶ **知识要点**

❶ 撰写合适的提示词。

❷ 使用 ControlNet 并设置权重参数。

❸ 选择合适的大模型和 LoRA 模型。

本案例对 SketchUp 模型输出的细节比较丰富的图片进行渲染。很显然，可以用和上一节案例相同的思路和步骤进行创作。

有人可能会问，既然已经有精细的 SketchUp 模型，为什么不直接在 Lumion、VRay 渲染器、D5 渲染器等工具中渲染？这些渲染工具的优势很明显，如成果的确定性、模型材质和灯光等的可控制性，以及效果的精美等。的确，如果在已建模型的前提下，AI 绘图的优势不明显，甚至劣势明显，那能否找到其优点呢？

AIGC 的一大特点就是无中生有，如果再通过调整权重、更换大模型及 LoRA 模型、更改提示词和 ControlNet 模型等，可以创造更多风格和细节的作品。那么，这里可以发挥其灵感渲染的发散性，创造和原模型及空间相关的，但有差异的渲染成果。

因为 ControlNet 的权重是对整个参考图片的控制，因此不能既允许空间内部布局自由变换，又严格限定空间范围不变。

下图是创建节日气氛、布置三角形水晶灯饰等的效果。为此，需要增加提示词，如 (triangular pyramid:1.5)、(crystal chandelier:2) 等，其中 1.5 和 2 指的是权重。

▶ **制作步骤**

**01** 启动 Stable Diffusion，基础参数设置如下。

大模型：ChilloutMix；外挂 VAE 模型：Automatic；CLIP 终止层数：2；图像宽高：800 像素 ×600 像素；
总批次数：1；单批数量：1；迭代步数：20；采样方法：Euler a；提示词引导系数：7；随机数种子：-1。

**02** 用 SketchUp 调整合适视角输出图片。

用 SketchUp 打开"学习资源 \Ch04\4-6.skp"，调整视角，输出图片"4-7.png"。练习时也可直接调用"学习资源 \Ch04\4-7.png"。

**03** 填写提示词。

正向提示词：lobby,sofa,(triangular pyramid :1.5),(crystal chandelier:2),plants,sloping gauze curtain on the right side of the screen,bookshelf。

中文含义：大堂、沙发、（三棱锥：1.5）（水晶吊灯：2）、植物、屏幕右侧的倾斜纱帘、书架。

反向提示词：illustration,3d,sepia,painting,cartoons,sketch,(worst quality:2),(low quality:2),lowres, ((monochrome)),(grayscale:1.2),logo,text,error,extra digit,fewer digits,cropped,jpeg artifacts,signature, watermark,username,blurry。

中文含义：插图，三维，深褐色，绘画，卡通，素描，（最差质量：权重 2），（低质量：权重 2），低分辨率，（（单色）），（灰度：权重 1.2），标志，文本，错误，额外数字，较少数字，裁剪，JPEG 伪影，签名，水印，用户名，模糊。

**04** 调用 ControlNet。

选择 ControlNet Unit 0 选项卡，按下图所示的步骤设置。

**05** 单击"生成"按钮。

可以尝试不同的 ControlNet 权重，观察每次生成的效果。

**06** 更换大模型或添加 LoRA 模型。

可以更换大模型，观察生成的效果。

大模型：PerfectWorld_V4

大模型：ChilloutMix

也可以添加 LoRA 模型。在正向提示词中增加 <LoRA:Alien interior design:1>，或者在 LoRA 扩展界面单击。

大模型：ChilloutMix

大模型：ChilloutMix

增加 <LoRA:Alien interior design:1>

**07 约束空间界面轮廓范围。**

在 SketchUp 中临时关闭室内家具，如沙发、茶几等，只留下包围此空间的地面、顶棚、墙体、门窗等，输出相同视角的图片，保证图片的位置、视角、长宽比和上一次输出的相同，输出图片"4-8.png"。

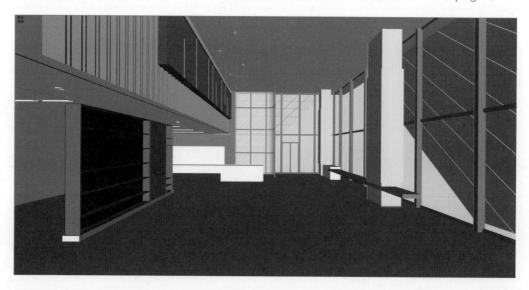

选择 ControlNet Unit 1 选项卡。按下图所示的步骤进行操作。

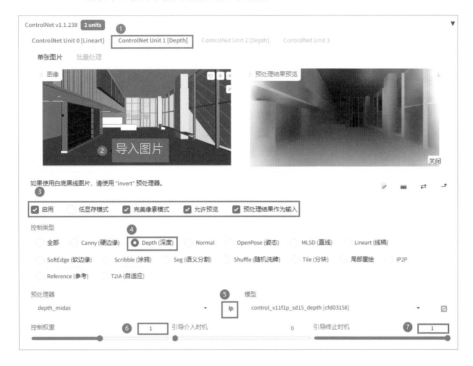

这里"控制权重"默认为 1，"引导终止时机"设置为 1，后期可以微调。

**08 生成图片。**

可以调整 ControlNet 权重和"引导终止时机"等参数，单击"生成"按钮，尝试生成理想的方案。

**09 尝试调整提示词。**

如在正向提示词中增加 (marble:1.5)，即大理石，权重为 1.5。

**10 尝试调整 ControlNet Unit 0 的权重。**

如将"控制权重"降低为 0.5，给 AI 更多的发挥空间，让室内布局更丰富。

# *4.3* 实战：卧室（SketchUp粗略模型）

▶ **学习目标**

掌握利用 SketchUp 粗略建模的透视图进行室内效果图创作的方法。

▶ **知识要点**

❶ 撰写合适的提示词。

❷ 使用 ControlNet 并设置权重参数。

❸ 选择合适的大模型和 LoRA 模型。

❹ 采用逐步深入的方式多轮迭代生成理想的效果图。

　　本案例用粗略的 SketchUp 模型图片（学习资源 \Ch04\4-9.png）来进行方案的创作。从下图可以看出，仅限定了空间的大小和主要家具的位置，一切细节都没有建模。在 SketchUp 中完成简单的建模，然后输出图片。

　　对于后期渲染，室内设计的风格、家具的款式、陈设的细节等都在 Stable Diffusion 中完成。在 Stable Diffusion 中利用提示词、大模型及 LoRA 模型，并通过大量出图来获得理想的效果图。

在实践中遇到一个难题：如果 ControlNet 权重较高，则生成的图片中家具和草图中的无异，严重缺乏细节；如果权重较低，又会导致窗户位置、家具布局完全不符合原设计要求。这时该怎么办？有以下两个解决思路。

思路一：用较高权重生成一张图片（保证布局正常），用这张图片生成 Seg（语义分割）图，然后将这张语义分割图作为输入图，调低权重，再次单击"生成"按钮，批量出图。

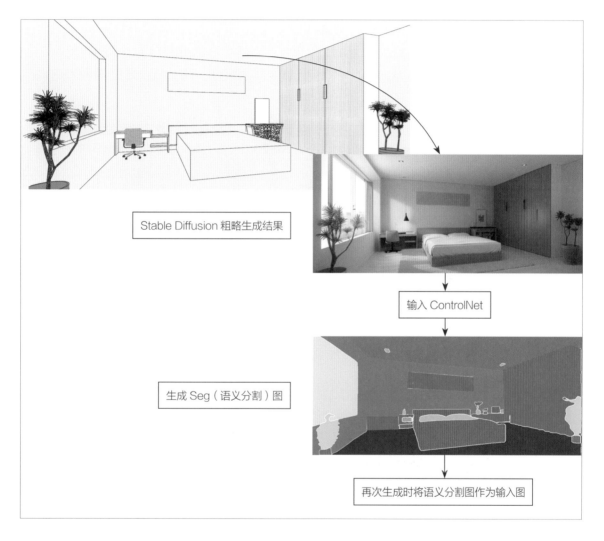

思路二：用较高权重生成一张图片（保证布局正常），用这张图片生成 Depth（深度）图，然后将这张深度图作为输入图，调低权重，再次单击"生成"按钮，批量出图。

提示 ⟩

为什么要做语义分割图或深度图呢？因为在保证空间关系、布局关系正常的前提下，语义分割图或深度图都柔化了物体边界，更消除了物体区域内部的细节，这样既满足布局要求，又为 AI 的联想预留了足够的空间。

▶ **制作步骤** ----------------------------------------------------------------

**01 启动 Stable Diffusion，基础参数设置如下。**

大模型：ChilloutMix；外挂 VAE 模型：Automatic；CLIP 终止层数：2；图像宽高：960 像素 ×460 像素；

总批次数：1；单批数量：1；迭代步数：20；采样方法：Euler a；提示词引导系数：7；随机数种子：-1。

**02 填写提示词。**

正向提示词：best quality,highly detailed,bedroom。

中文含义：最佳质量，高度细致，卧室。

反向提示词：illustration,3d,sepia,painting,cartoons,sketch,(worst quality:2),(low quality:2),lowres,((monochrome)),(grayscale:1.2),logo,text,error,extra digit,fewer digits,cropped,jpeg artifacts,signature,watermark,username,blurry。

中文含义：插图，三维，深褐色，绘画，卡通，素描，（最差质量：权重2），（低质量：权重2），低分辨率，（（单色）），（灰度：权重1.2），标志，文本，错误，额外数字，较少数字，裁剪，JPEG 伪影，签名，水印，用户名，模糊。

**03 调用 ControlNet。**

选择 ControlNet Unit 0 选项卡，上传图片"学习资源 \Ch04\4-9.png"，按下图所示的步骤设置。注意，这里设置"控制权重"为 0.85 左右，给 AI 适当自由发挥的空间，但总体控制强度不弱。

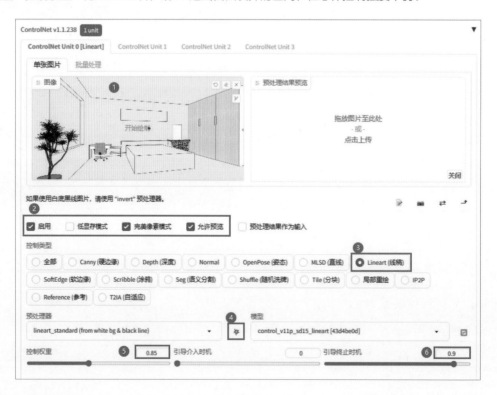

**04 单击"生成"按钮。**

观察生成的效果。

**05 把生成的图片载入 ControlNet。**

选择 ControlNet Unit 0 选项卡，上传刚生成的图片，或直接将其拖入界面中，按下图所示的步骤设置。这里设置"控制权重"为 0.5 左右，给 AI 留有较大自由发挥的空间。

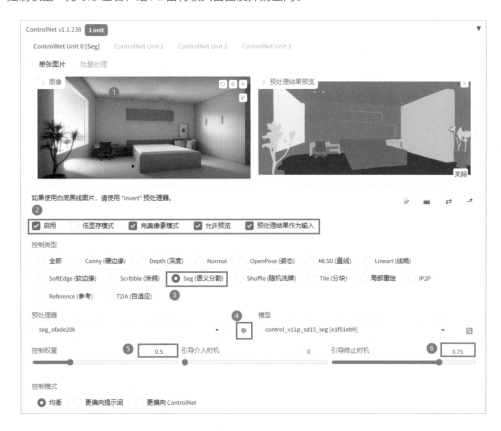

**06 生成图片。**

可以调整 ControlNet 权重和"引导终止时机"等参数，单击"生成"按钮，尝试生成理想的方案。

**07 尝试调整提示词，再次单击"生成"按钮。**

可以在提示词中增加 (curtain:1.5)，即窗帘，权重 1.5。

**08 在 Photoshop 中修改 Seg（语义分割）图，增加窗帘区域色块，再次单击"生成"按钮。**

窗帘颜色的 RGB 值为 (255,51,7)，在 Photoshop 中修改并保存。

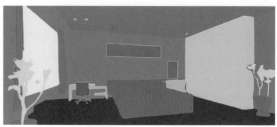

**09** 在 ControlNet 中载入新 Seg（语义分割）图，再次单击"生成"按钮。

按照下图所示的步骤进行设置，并生成效果图。需要注意，在"预处理器"中选择 none。

**10** 生成图片。

可以调整 ControlNet 权重和"引导终止时机"等参数，单击"生成"按钮，尝试生成理想的方案。这里已经添加了窗帘。

**提示** ⟩

提出一个问题，如何保持上一次生成的效果，仅仅添加窗帘，其他不变呢？答案是局部重绘。

**11 增加 LoRA 模型。**

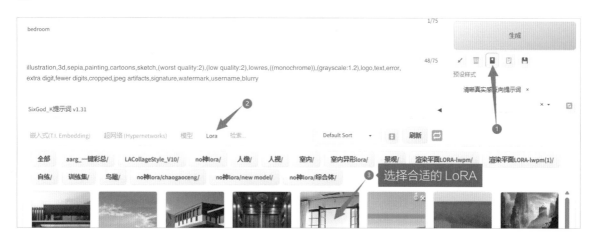

如增加赛博朋克风格 LoRA，在正向提示词中增加 <LoRA:ARW Cyberpunk Interior:1>。下图是生成的效果。

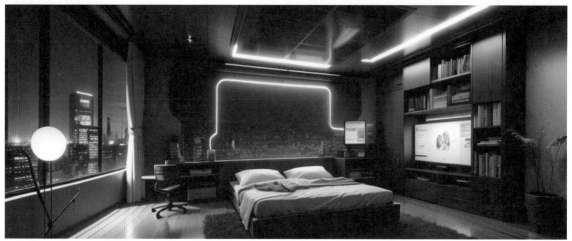

在本节开头，还提出了第二个解决思路，即利用深度图控制布局。操作步骤和4.1.2小节相同，读者可以自行尝试学习。

## *4.4* 实战：毛坯房照片方案创作

▶ **学习目标**
掌握在 Stable Diffusion 中对毛坯房进行联想创作的方法。

▶ **知识要点**

❶ 撰写合适的提示词。

❷ 使用 ControlNet 并设置权重参数。

❸ 选择合适的大模型和 LoRA 模型。

❹ 采用逐步深入的方式多轮迭代生成理想的效果图。

用一张毛坯房照片（学习资源 \Ch04\4-10.png）进行室内设计，可以充分发挥 AI 的优势。我们先尝试，过程中一定会出现问题，等遇到了问题，再来想对策解决。

▶ **制作步骤**

**01 启动 Stable Diffusion，基础参数设置如下。**

大模型：ChilloutMix；外挂 VAE 模型：Automatic；CLIP 终止层数：2；图像宽高：960 像素 ×480 像素；

总批次数：1；单批数量：1；迭代步数：20；采样方法：Euler a；提示词引导系数：7；随机数种子：-1。

**02 填写提示词。**

由于是毛坯房，因此建议在提示词中描述室内家具、灯具等。

正向提示词：Minimalist style,fashionable,modern,(a living room:1.5),(couch:1.2),(chairs:1.2),painting \ (object\), flowers,plants,lamp on celling, vray render,a digital rendering。

中文含义：极简主义风格，时尚，现代，（客厅：权重 1.5），（沙发：权重 1.2），（椅子：权重 1.2），绘画 \（物体 \），花卉，植物，天花板上的灯，VRay 渲染，数字渲染。

反向提示词：illustration,3d,sepia,painting,cartoons,sketch,(worst quality:2),(low quality:2),lowres, ((monochrome)),(grayscale:1.2),logo,text,error,extra digit,fewer digits,cropped,jpeg artifacts, signature,watermark,username,blurry。

中文含义：插图，三维，深褐色，绘画，卡通，素描，（最差质量：权重 2），（低质量：权重 2），低分辨率，（（单色）），（灰度：权重 1.2），标志，文本，错误，额外数字，较少数字，裁剪，JPEG 伪影，签名，水印，用户名，模糊。

注意 

painting \(object\)

此表达方式是限定 painting 为画面中的一个物体，而不是让图片输出为绘画风格。

**03 调用 ControlNet。**

选择 ControlNet Unit 0 选项卡，上传图片"学习资源 \Ch04\4-10.png"。

**04 单击"生成"按钮。**

观察生成的效果。

**05** 把生成的图片载入 ControlNet。

选择 ControlNet Unit 0 选项卡，上传刚生成的图片，或直接将其拖入界面中，按下图所示的步骤设置，注意这里设置"控制权重"为 0.5，给 AI 留有较大自由发挥的空间。

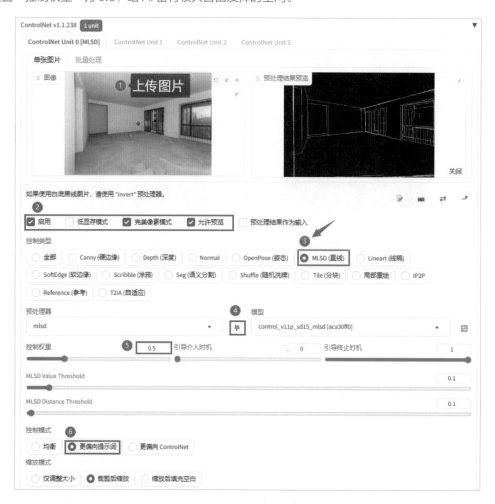

**06** 生成图片。

调整 ControlNet 权重等参数，单击"生成"按钮，观察生成的效果。

"控制权重"为 1.0

问题：

● 几乎无家具；

● 窗外景物变成了房间；

● 洞口变成了落地窗。

"控制权重"为 0.8

问题：几乎无家具。

"控制权重"为 0.5

问题：家具布局不理想。

"控制权重"为 0.35

问题：尝试生成了 12 张
图，也没有得到理想的
方案。家具布局不理想、
门窗位置彻底改变了，
根本不符合设计要求。

　　批量生成了 36 张图，下面是从中挑选的 4 张。这种随机出图的方法尽管不是一种好的设计方法，但具有某种参考意义。此外，也可以基于生成的图再次出图。

**提示** ----------------------------------------------------------------------------------------------------➤

另一个解决问题的思路：做一张家具布置参考图，可以手绘，也可以在 SketchUp 中布置家具。

在 SketchUp 中布置家具的简要步骤如下。

1. 在 SketchUp 中匹配照片，并通过照片获取比较精确的尺寸。

2. 根据照片绘制地板、墙面、窗户等简单模型。

3. 布置家具模型。此时不必在意家具的款式、风格，大致表现即可。

4. 输出图片，再回到 Stable Diffusion 中继续操作。

　　本书未详细讲解 SketchUp 的基本操作，但匹配照片建模需要详细讲解。

▶ **制作步骤** ------------------------------------------------------------------------------------------

**01 导入照片。**

打开 SketchUp（各版本均可），执行"相机 > 匹配新照片"命令，选择"学习资源 \Ch04\4-10.png"图片，
导入软件中。

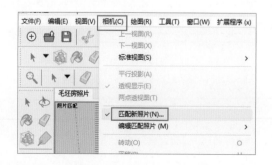

**02 编辑匹配照片。**

上一步完成后，界面会显示毛坯房照片，并显示红绿虚线透视线。如果红绿虚线透视线已经关闭，执行"相机 > 编辑匹配照片 > 毛坯房照片"命令即可。

**03** 操纵控制点，把坐标原点拖曳到墙角。

**04** 操纵控制点，匹配图片透视关系。

利用 $x$ 轴、$y$ 轴、$z$ 轴控制点（下图中红圈标记的点），调整透视关系，满足透视要求。

**提示** ⋯⋯⋯⋯⋯⋯⋯⋯⋯⋯⋯⋯⋯⋯⋯⋯⋯⋯⋯⋯⋯⋯⋯⋯⋯⋯⋯⋯⋯⋯⋯⋯⋯⋯⋯⋯ ❯

1. 操作过程中，可以滚动鼠标中键，或按住中键并移动，放大画面，精确调整。

2. 图中的红、绿、蓝3种颜色分别对应 $x$ 轴、$y$ 轴、$z$ 轴，其中的两个红色和绿色调节杆可用于调节并匹配图中的透视关系。红、绿、蓝轴也必须匹配真实空间原本就相互垂直的线条。

**05 调整尺度。**

图中的人物与楼层高度差不多，这显然是因为楼层高度太低。为了保证后续布置家具的合理性，这里需要设置合适的尺寸。

① 设置"间距"为 2900mm。

② 注意两根红色细虚线之间的距离就是 2900mm。

③ 移动鼠标指针到蓝轴附近，会显示一对箭头，拖曳箭头，把层高和红色细虚线对齐。人物会相应缩小。

调整完成后，单击"完成"按钮。

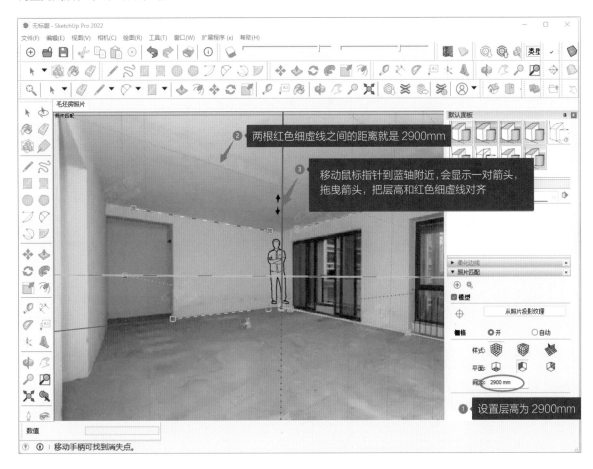

**06 用矩形工具绘制地板、墙面、顶棚、门窗等，注意部分结构需要拉伸。**

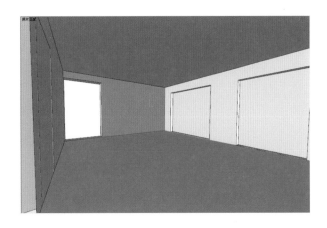

提示

1. 在绘图过程中，若调整了视角，匹配的参考照片则立刻关闭显示。若需要再次显示，执行"相机 > 编辑匹配照片 > 毛坯房照片"命令即可。

2. 某些预设风格也不显示匹配照片，可通过更换预设风格来显示。

**07 布置家具。**

按照设计构想布置合适款式的家具，也可布置任意款式的家具，这里仅用于定位。

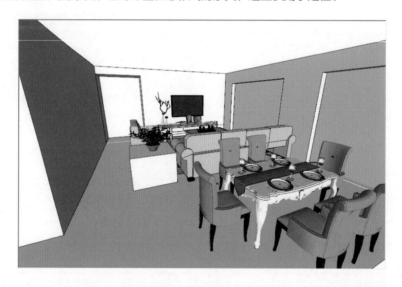

调整观察角度，输出图片，为下一步 AI 绘画做准备。调整完成后，就可以转入 Stable Diffusion 中继续创作了。

CHAPTER FIVE

第 5 章

# 园林景观渲染与创作实战

**本章介绍**

本章主要介绍利用 Stable Diffusion 绘制园林景观真实感效果的方法及其方案创作的过程。其中，输入的手绘图有两种，一种是详细的线稿（包含精细的手绘或三维模型输出图），另一种是粗略的线稿（包含粗略的手绘或三维模型输出图）。本章的学习重点在于参数的设置、不同区域画面内容的控制和光线的控制等。通过学习本章内容，要掌握 ControlNet 的预处理模型应用方法和技巧，并快速地应用方法与流程，灵活设置参数。

**学习目标**

● 掌握 ControlNet 的预处理模型 Lineart（线稿）的使用方法。
● 掌握 ControlNet 的预处理模型 Seg（语义分割）的使用方法。

# *5.1* 实战：精细线稿渲染

▶ **学习目标**

掌握基于精细手绘稿创建精美园林效果图的方法。

▶ **知识要点**

❶ 撰写合适的提示词。

❷ 使用 ControlNet 的 Lineart（线稿）模型和设置权重参数。

❸ 使用 ControlNet 的 Seg（语义分割）模型和设置权重参数。

通过前面章节的学习和实操，用同样的方法就可以进行本案例的渲染。

## *5.1.1* 初步渲染

▶ **制作步骤**

**01** 选择一个大模型。

启动 Stable Diffusion，选择大模型，如 ChilloutMix 模型，也可以多次尝试不同的大模型。

**02** 填写正向提示词和反向提示词。

正向提示词：the garden is luxuriant with plants,in summer,the sun is shining brightly,the shadow is on the ground,some wood planks are on the ground,and the pool is clear,surrealism,computer rendering。

中文含义：花园里植物茂盛，夏天，阳光明媚，影子在地面上，地面上有部分木板条，水池清澈，超现实主义，计算机渲染。

反向提示词：illustration,3d,sepia,painting,cartoons,sketch,(worst quality:2),(low quality:2),lowres,((monochrome)),(grayscale:1.2),logo,text,error,extra digit,fewer digits,cropped,jpeg artifacts,signature,watermark,username,blurry。

中文含义：插图，三维，深褐色，绘画，卡通，素描，（最差质量：权重 2），（低质量：权重 2），低分辨率，（（单色）），（灰度：权重 1.2），标志，文本，错误，额外数字，较少数字，裁剪，JPEG 伪影，签名，水印，用户名，模糊。

**03 设置参数。**

设置输出图像的大小，比如设置"宽度"为 800 像素，"高度"为 600 像素，"总批次数"为 1 或其他数，"迭代步数"为 20，"采样方法"为 Euler a，"提示词引导系数"为 7，"随机数种子"为 −1。

**04 调用 ControlNet。**

选择 ControlNet Unit 0 选项卡，按下面的步骤设置。

① 上传图片"学习资源 \Ch05\5-1.jpg"。

② 勾选"启用""完美像素模式""允许预览"复选框。

③ 在"控制类型"中选择"Lineart（线稿）"选项，此时"预处理器"和"模型"中会自动出现相应内容，如版本较低，需要手动在"模型"中选择 control_v11p_sd15_lineart。

④ 单击"预处理器"和"模型"之间的 ✳ 按钮，运行预处理器，生成黑底白线的预处理结果图片，并显示在上方。

⑤ 设置"控制权重"为 0.8，因为手绘草稿已经很精细了，故不需要给 AI 留太多的联想空间。

⑥ 设置"引导终止时机"为 0.75，虽然手绘草稿很精细，但毕竟和真实的画面相比缺乏很多细节，故此处参数不宜设置得过高。

⑦ 把草图长宽尺寸发送到生成设置。让输出的图片和草图一样大，关键是长宽比一致。

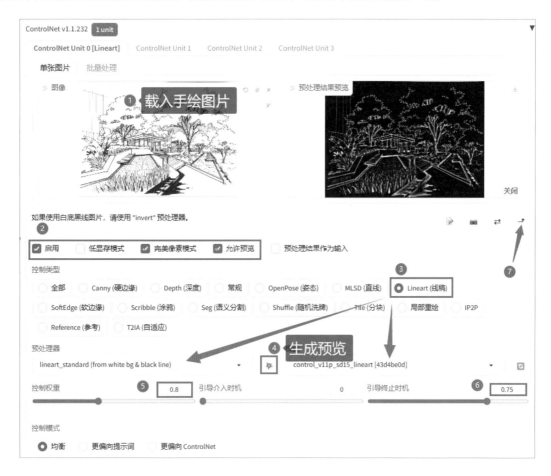

**05 单击"生成"按钮。**

很显然，每一次生成的结果都是不一样的。其中有的结果可能是令人惊喜的。

**06 修改参数，再次单击"生成"按钮。**

生成的图片很可能存在下面 3 个问题。

问题 1：水面不在理想位置。

问题 2：有多余的墙体或栅栏。

问题 3：光线效果不够通透。

## 5.1.2  解决问题1——获得理想的水面位置

解决问题 1 有下面两种方法。

方法 1：大批量出图，随机的结果中也许有理想的水面位置。只需要设置参数"总批次数"，再次单击"生成"按钮即可。

方法 2：用 Seg（语义分割）明确指定水面位置。关于 Seg（语义分割）的详细方法和色彩协议，详见 7.2.6 小节。

下面讲解用 Seg（语义分割）模型的解决方法。

▶ **制作步骤** ----------------------------------------------

在 Stable Diffusion 中选择"文生图"选项卡后，按照下面的步骤操作。

**01 调用 ControlNet。**

选择 ControlNet Unit 1 选项卡，按下面的步骤设置。

① 上传一张前面生成的图片，最好是有水面的图片。

② 勾选"启用""允许预览"复选框。

③ 在"控制类型"中选择"Seg（语义分割）"选项。

④ 单击"预处理器"和"模型"之间的 ✧ 按钮，运行预处理器，生成彩色的预处理结果图片。存储生成的彩色语义分割图。

**02 启动 Photoshop。**

打开上一步存储的语义分割图，修改水面的位置，其他色块保持不变。水面和铺地色彩吸取图中已存在的颜色即可。当然，也可以按照语义分割协议表中的色值进行设置。

上图是修改后的结果，将其另存为"5-2 修改的 SEG.jpg"。

**03 调用 ControlNet。**

选择 ControlNet Unit 1 选项卡，关闭图片下面的"启用"复选框。

选择 ControlNet Unit 2 选项卡，按下面的步骤设置。

① 上传前面 Photoshop 输出的"5-2 修改的 SEG.jpg"图片。

② 勾选"启用""允许预览""预处理结果作为输入"复选框。

③ 在"控制类型"中选择"Seg（语义分割）"。

④ 在"预处理器"中选择 none。因为上传的是语义分割图，所以不需要再处理。

⑤ 单击"预处理器"和"模型"之间的 ✹ 按钮，运行预处理器，生成彩色的预处理结果图片。

⑥ 设置"控制权重"为 0.8，也可以为 1。

⑦ 设置"引导终止时机"为 0.75，也可以为 1。

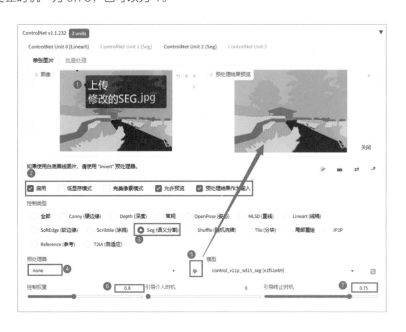

**04** **单击"生成"按钮。**

通过修改Seg（语义分割）图，可以看到现在水面的位置已经符合预期。大家还可以用这种方法对局部进行调整。

## 5.1.3 解决问题2——删除多余的墙体或栅栏

最简单的办法就是预先在 Photoshop 中修改手绘稿，删除多余墙体或栅栏状线条。

## 5.1.4 解决问题3——获得通透的光线效果

比较下面两张图，观察光线的区别。

这两张图明显的区别是光线的方向，第一张图的光线是逆光，第二张图的光线可以算作顶光或顺光。

逆光：光线从被摄物体的背后 ( 即朝向摄影机镜头 ) 照射过来。

逆光的作用：第一，能够增强被摄物体的质感，特别是拍摄透明或半透明的物体时，如花卉、植物枝叶等；第二，能够增强氛围；第三，能够增强视觉冲击力；第四，能够增强画面的纵深感。

本案例在正向提示词后面增加 (backlight photography:1.5)，即逆光摄影，权重为 1.5。

以下是各种光照提示词，供大家参考。

| 光照 | |
|---|---|
| **提示词** | **中文含义** |
| volumetric lighting | 体积照明 |
| cold light | 冷光 |
| mood lighting | 情绪照明 |
| bright | 明亮的 |
| soft illumination/soft lights | 柔和的照明 / 柔光 |
| fluorescent lighting | 荧光灯 |
| rays of shimmering light/morning light | 微光 / 晨光 |
| crepuscular ray | 黄昏射线 |
| outer space view | 外太空视图 |
| cinematic lighting/dramatic lighting | 电影灯光 / 戏剧灯光 |
| bisexual lighting | 双性照明 |
| rembrandt lighting | 伦勃朗照明 |
| split lighting | 分体照明 |
| front lighting | 前灯 |
| backlight photography | 逆光摄影 |
| clean background trending | 干净的背景趋势 |
| rim lights | 边缘灯 |
| global illuminations | 全局照明 |
| neon cold lighting | 霓虹灯冷光 |
| hard lighting | 强光 |

## 5.2 实战：粗略线稿创作

▶ **学习目标**

掌握基于粗略手绘稿创建精美园林效果图的方法。

▶ **知识要点**

❶ 撰写合适的提示词。

❷ 使用 ControlNet 的 Lineart（线稿）模型和设置权重参数。

❸ 使用 ControlNet 的 Seg（语义分割）模型和设置权重参数。

本案例和前一个案例描绘的是同一个花园，区别是本案例的手绘稿（图片见"学习资

源 \Ch05\5-3.png"）非常粗略。很显然，在 Stable Diffusion 中需要留给 AI 更大的创作空间，即 ControlNet 权重需要降低。

▶ **制作步骤** ........................................................

🔲1 **启动 Stable Diffusion，基础参数设置如下。**

大模型：ChilloutMix；外挂 VAE 模型：Automatic；CLIP 终止层数：2；图像宽高：800 像素 ×600 像素；

总批次数：1；单批数量：1；迭代步数：20；采样方法：Euler a；提示词引导系数：7；随机数种子：−1。

正反向提示词同上一节。

🔲2 **调用 ControlNet。**

选择 ControlNet Unit 0 选项卡，按下图所示的步骤设置。

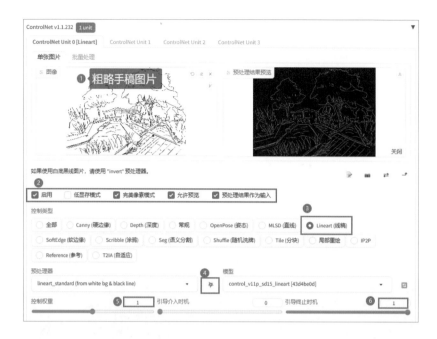

**03** 单击 "生成" 按钮。

比较设置不同 ControlNet 控制权重的效果。

ControlNet 控制权重为 2

ControlNet 控制权重为 1

ControlNet 控制权重为 0.8

ControlNet 控制权重为 0.5

**04 修改水面位置。**

水面位置仍然不符合手绘时设想的左右两块水面，
可以采取和上一节相同的方法来绘制 Seg（语义分
割）图。

这里，可以绘制更简单的 Seg（语义分割）图，只
关注水面，其他位置留白，如右图所示（学习资源 \
Ch05\5-4.jpg）。

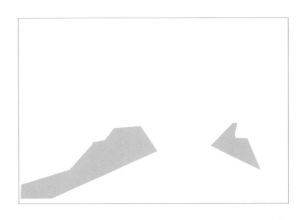

注意 ······································································································· >

将修改好的语义分割图保存为 JPEG 格式。在 Photoshop 等图像处理软件中，若图中位置留有透明区域，保存为 PNG 格式，
则会导致 Stable Diffusion 出错。因为 Stable Diffusion 的 ControlNet 语义分割插件不能处理透明区域。

**05 调用 ControlNet Unit 1。**

选择 ControlNet Unit 1 选项卡，按下图所示的步骤设置。

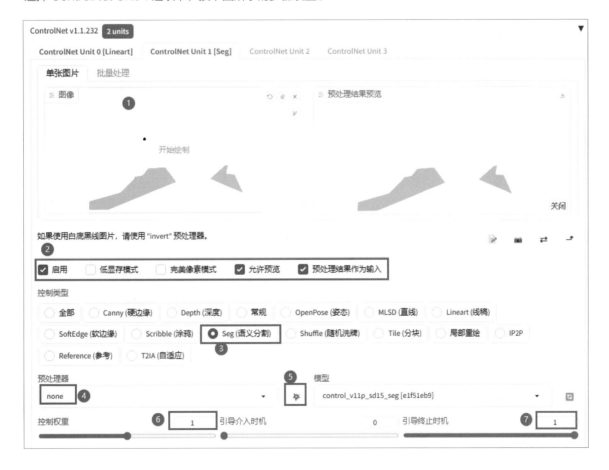

**06** **单击"生成"按钮。**

可以调整 ControlNet 权重和"引导终止时机"等参数,尝试生成理想的方案。

CHAPTER SIX

## 第 6 章

# 建筑规划渲染与创作
# 实战

**本章介绍**

本章主要介绍运用 Stable Diffusion 配合 SketchUp、Photoshop 进行建筑规划方案创作的基础方法，涉及总平面图、平立剖面图纸等的绘制与表现技巧，包括应用 ControlNet 的预处理模型 Lineart（线稿）、Seg（语义分割）、Depth（深度）等实现在 Stable Diffusion 中对图纸的精准控制，并通过合理设置相应权重和引导介入时机，以及选择不同大模型和微调小模型（LoRA）等方法来进行多种建筑方案的表现与创作。通过学习本章内容，要了解并掌握 Stable Diffusion 相对精准的控制，熟练掌握 ControlNet 在建筑规划及平立面图渲染和创作中的应用方法和技巧，并灵活协调各种参数设置进行建筑规划方案的灵感创作。

**学习目标**

● 熟练掌握 ControlNet 的预处理模型 Lineart（线稿）的使用方法。
● 熟练掌握 ControlNet 的预处理模型 Seg（语义分割）的使用方法。
● 熟练掌握 ControlNet 的预处理模型 Depth（深度）的使用方法。
● 熟练掌握 Stable Diffusion 大模型和微调小模型（LoRA）的使用方法。

# 6.1 实战：建筑规划鸟瞰图的渲染与创作

▶ **学习目标**

学习使用合适的提示词，并通过 ControlNet 与 LoRA 协同，进行建筑规划鸟瞰图的渲染与创作。

▶ **知识要点**

❶ 描述鸟瞰图的正向提示词，如 Elevated view of the city center, aerial perspective, 3D rendering （城市俯视图，鸟瞰图，三维渲染）。

❷ 使用 ControlNet 的预处理模型 Lineart（线稿）和 Seg（语义分割）控制建筑主体和环境功能分区。

❸ 由 SketchUp 拉伸的简单体块图像如左下图所示，灵感创作之后的效果图参考右下图。

❹ 使用 LoRA 模型控制建筑风格和整体画面风格。

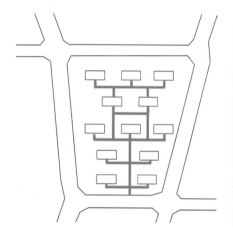 

## 6.1.1 利用ControlNet生成建筑规划鸟瞰图

先根据平面图在 SketchUp 中创建简单体块的三维模型，并以此三维模型输出鸟瞰线稿图片，然后，依据语义分割协议在 Photoshop 中为导出图片填色，最后载入 Stable Diffusion 中生成逼真的三维效果图。

▶ **制作步骤**

**01 在 AutoCAD 中绘制小区规划总平面图。**

因为是概念规划草图，所以只需要绘制出大致的地块形状、周边市政路网和小区内建筑排布，以及相应的内部道路结构。

**02 将平面图导入 SketchUp 拉伸草模。**

将绘制好的规划草图（学习资源 \Ch06\6-1.png）导入 SketchUp 中，绘制模型，然后调整鸟瞰角度并导出线稿图片，命名为 6-2.jpg（学习资源 \Ch06\6-2.jpg）。

**03 依据语义分割协议 ADE20K 图表填色。**

把图片"6-2.jpg"导入 Photoshop，为道路（RGB 值：140、140、140）、草地（RGB 值：4、250、7）、建筑（RGB 值：120、120、120）等区域填色，最后导出下图（学习资源 \Ch06\6-3.jpg）。

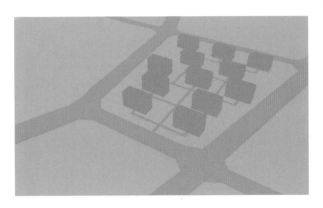

提示 ························································································································· ＞

1. 也可以在 SketchUp 中用特定色彩定义材质，然后导出图片。

2. 从 SketchUp 中导出 Seg（语义分割）图时，需取消勾选"样式"面板中的"边线"和"轮廓线"复选框。

3. 在"阴影"面板中勾选"使用阳光参数区分明暗面"复选框，并将"亮"调至 0，"暗"调至 100，否则颜色会随受光角度的变化而变化。

4. 从 SketchUp 中导出图片时一定要提前设置合适的尺寸（建议宽度不大于 768 像素），以免在 Stable Diffusion 中消耗大量时间，甚至出现显存不足的提示。

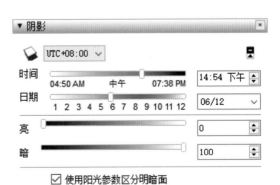

**04 转到 Stable Diffusion 中，设置基础参数。**

切换到"文生图"选项卡，选择合适的大模型，如"城市设计大模型_UrbanDesign_v7"。设置"迭代步数（Steps）"为 30、"采样方法（Sampler）"为 Euler a、"提示词引导系数（CFG Scale）"为 7、"随机数种子（Seed）"为 -1。这里未提及的参数建议保留默认值。

**05 填入提示词。**

正向提示词：Elevated view of the city center,modern residential buildings,rooftop gardens, (minimalist:1.2) design,(sunset:1.2),warm colors,aerial perspective,masterpiece,best quality,Realistic style,3D rendering,architectural photography,masterclass work,high quality,ultra-high details,8K,HD。

中文含义：城市俯视图，现代住宅，屋顶花园，（极简主义：权重 1.2）设计，（日落：权重 1.2），暖色，空中透视，杰作，最佳质量，逼真风格，3D 渲染，建筑摄影，大师级作品，高品质，超高细节，8K，高清。

反向提示词：illustration,3d,sepia,painting,cartoons,sketch,(worst quality:2),(low quality:2),lowres, ((monochrome)),(grayscale:1.2),logo,text,error,extra digit,fewer digits,cropped,jpeg artifacts, signature,watermark,username,blurry。

中文含义：插图，三维，深褐色，绘画，卡通，素描，（最差质量：权重 2），（低质量：权重 2），低分辨率，（（单色）），（灰度：权重 1.2），标志，文本，错误，额外数字，较少数字，裁剪，JPEG 伪影，签名，水印，用户名，模糊。

**06 调用 ControlNet。**

选择 ControlNet Unit 0 选项卡，按下面的步骤设置。

① 选择步骤 02 中导出的图片"6-2.jpg"。

② 勾选"启用""完美像素模式""允许预览"复选框。

③ 在"控制类型"中选择"Lineart（线稿）"选项，设置"预处理器"为 lineart_standard (from white bg & black line)、"模型"为 control_v11p_sd15_lineart_fp16。

④ 单击"预处理器"和"模型"之间的 ▨ 按钮，运行预处理器，生成黑底白线的预处理结果图片，并显示在界面上方预览栏中。

⑤ 设置"控制权重"为 0.6，设置"引导终止时机"为 0.5。

⑥ 单击预览栏右下角的 ⤓ 按钮，把参考图的长度和宽度尺寸发送到生成设置。

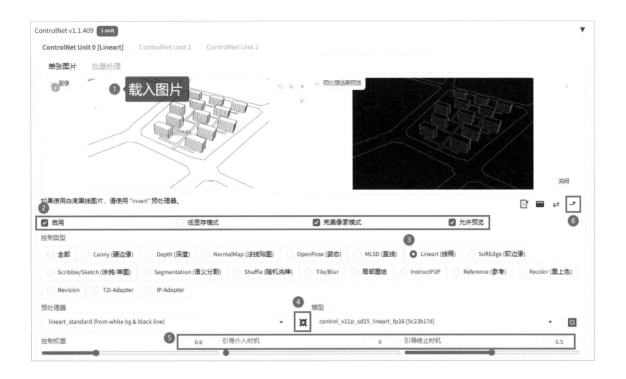

按下面的步骤设置，启用 Seg（语义分割）控制。

① 选择 ControlNet Unit 1 选项卡。

② 选择步骤 03 中从 Photoshop 中导出的图片"6-3.jpg"。

③ 勾选"启用""完美像素模式""允许预览"复选框。

④ 在"控制类型"中选择"全部"选项，设置"预处理器"为 none、"模型"为 t2iadapter_seg_
　 sd14v1。

⑤ 单击"预处理器"和"模型"之间的 按钮，将已经做好的语义分割图片赋予模型，预览栏中生成和图像
　 栏中一样的图片。

⑥ 设置"控制权重"为 0.6，设置"引导终止时机"为 0.6。

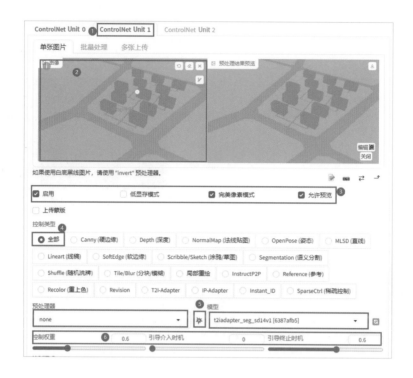

提示 ................................................................................................ ›

本案例中使用两个 ControlNet 进行控制，相应降低权重，同时提前引导终止时机，从而既能控制建筑、用地等的整体关系，又能给 Stable Diffusion 足够的发挥空间。

### 07 批量生成。

设置"总批次数"为 4，单击"生成"按钮，批量生成图像。

## 6.1.2　利用LoRA丰富和完善建筑规划鸟瞰图

下面将选择合适的建筑风格 LoRA 模型，用以丰富和完善建筑规划鸟瞰图。

▶ **制作步骤**

01 **继续前面的案例，设置提示词并用 ControlNet 线稿控制图片。**

02 **在 Additional Networks 面板中选择 LoRA。**

按下面的步骤设置。

① 勾选"启用"复选框，选择"附加模型 1"为 LoRA。

② 从"模型 1"下方的下拉列表中选择合适的建筑风格的 LoRA 模型，本案例中选择 UrbanAerial_V2。

③ 设置"权重 1"为 0.3。

提示 ‒‒‒‒‒‒‒‒‒‒‒‒‒‒‒‒‒‒‒‒‒‒‒‒‒‒‒‒‒‒‒‒‒‒‒‒‒‒‒‒‒‒‒‒‒‒‒‒‒‒‒‒‒‒‒‒‒‒‒‒‒‒‒‒‒‒‒‒‒‒‒‒‒ ＞

LoRA 模型的调用方式有两种，本案例是在 Additional Networks 中，另一种是在"小红书" ▣ 面板中。

这两种调用方式下载的 LoRA 模型文件放置位置不同，前者是在 \extensions\sd-webui-additional-networks\models\
LoRA 文件夹，后者是在 \models\LoRA 文件夹。

03 **单击"生成"按钮。**

尝试调整 LoRA 模型的权重（建议 0.4~0.6），单击"生成"按钮。

经过多次尝试，从结果中选出下图所示的两个范例。

建议 ‒‒‒‒‒‒‒‒‒‒‒‒‒‒‒‒‒‒‒‒‒‒‒‒‒‒‒‒‒‒‒‒‒‒‒‒‒‒‒‒‒‒‒‒‒‒‒‒‒‒‒‒‒‒‒‒‒‒‒‒‒‒‒‒‒‒‒‒‒‒‒‒‒ ＞

1. 生成理想的方案图片之后，可以进行分辨率的提升，方法参见 7.10 节。

2. 可以使用不同的提示词，选择不同的大模型、不同的 LoRA 模型，多个不同的 LoRA 模型相互配合，控制产生多种建筑
风格和画面风格。

3. 在使用时需要阅读模型创作者给出的模型使用建议。

## *6.2* 实战：总平面图的渲染着色

▶ **学习目标**

掌握 ControlNet 的预处理模型 Lineart（线稿）和 Seg（语义分割）在建筑规划总平面图渲染着色中的应用。

▶ **知识要点**

❶ 撰写合适的正向提示词，让 Stable Diffusion 理解将要绘制的图是什么，如 sitemap,Residential Area Plan,a plan of a city（网站地图，住宅区规划，一个城市的规划）等，这些提示词都是描述总平面图的。提示词不是唯一的，可以灵活设置，如果 Stable Diffusion 不能理解某个提示词，就可以换一个或增加一个提示词。

❷ 使用 ControlNet 的预处理模型 Lineart（线稿）控制生成效果。

由 SketchUp 拉伸的简单体块图像如左下图所示，灵感创作之后的效果图参考右下图。

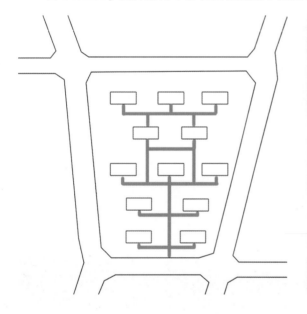 

### *6.2.1* 利用Lineart渲染着色总平面图

利用 ControlNet 的预处理模型 Lineart（线稿）在"文生图"选项卡中渲染着色建筑规划总平面图。

▶ **制作步骤**

**01 在 AutoCAD 中简单绘制居住小区的总平面图。**

这是概念方案总图，大致画出用地范围、建筑轮廓，以及简单的路网结构，完成后导出图片。

**02 转到 Stable Diffusion 中，设置基础参数。**

切换到"文生图"选项卡，选择合适的大模型，如 realisticVisionV51_v51VAE。设置"迭代步数（Steps）"为 50、"采样方法（Sampler）"为 Euler a、"提示词引导系数（CFG Scale）"为 8、"随机数种子（Seed）"为 −1。这里未提及的参数，建议保留默认值。

**03** 填入提示词。

正向提示词：sitemap,Residential Area Plan,a plan of a city,day,trees in the park,trees along the road,cars on road, lots of trees and buildings on it,and a large park in the middle。

中文含义：网站地图，住宅区规划，一个城市的规划，白天，公园里的树，路边的树，路上的汽车，上面有很多树和建筑物，以及中间有一个大公园。

反向提示词：illustration,3d,sepia,painting,cartoons,sketch,(worst quality:2),(low quality:2),lowres,((monochrome)),(grayscale:1.2),logo,text,error,extra digit,fewer digits,cropped,jpeg artifacts,signature,watermark,username,blurry。

中文含义：插图，三维，深褐色，绘画，卡通，素描，（最差质量：权重 2），（低质量：权重 2），低分辨率，（（单色）），（灰度：权重 1.2），标志，文本，错误，额外数字，较少数字，裁剪，JPEG 伪影，签名，水印，用户名，模糊。

**04** 调用 ControlNet。

选择 ControlNet Unit 0 选项卡，按下面的步骤设置。

① 选择步骤 01 从 AutoCAD 中导出的总平面图或打开"学习资源 \Ch06\6-1.png"文件。

② 勾选"启用""完美像素模式""允许预览"复选框。

③ 在"控制类型"中选择"Lineart（线稿）"选项，此时"预处理器"会自动选择 lineart_standard (from white bg & black line)，"模型"会自动选择 control_v11p_sd15_lineart_fp16。

④ 单击"预处理器"和"模型"之间的🞮按钮，运行预处理器，生成黑底白线的预处理结果图片，并显示在界面上方的预览栏中。

⑤ 设置"控制权重"为 1，设置"引导终止时机"为 1。

⑥ 设置尺寸。

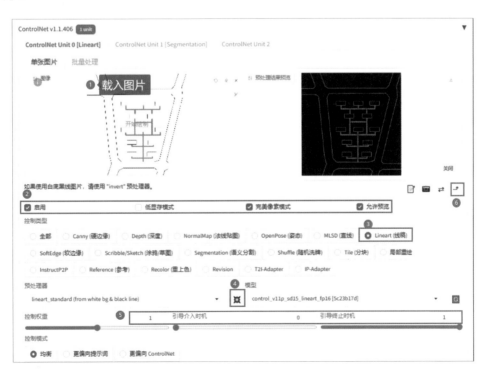

**05 批量生成。**

设置"总批次数"为 4，单击"生成"按钮，批量生成效果图。

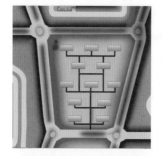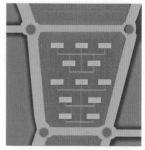
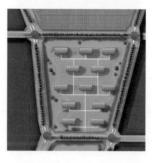

**思考**

在建筑规划方案创作之初，一般建筑的地块和周边道路是确定的，通过初步设计构思，可以确定建筑的占地、大体的轮廓和内部的大致道路。在这种情况下，可以利用 Stable Diffusion 获得更多的灵感，然后将构想草案更有效率地、具象地展示出来。通过上面的步骤可以发现，单纯依靠 ControlNet 的 Lineart（线稿）模型和简单的提示词无法使 Stable Diffusion 准确地理解我们的意图，并从大模型中挑选出符合要求的元素，导致最终生成的效果图中存在建筑、道路、绿地等识别错误的情况。接下来我们尝试解决这个问题。

## *6.2.2* 结合Seg和Lineart生成建筑规划总平面图

继续上面的案例，这次通过 ControlNet 的 Seg（语义分割）模型给 Stable Diffusion 提供更多的图纸信息，从而使最终的出图效果更加准确。

▶ **制作步骤**

**01 继续上面的案例，提示词保持不变。**

**02 利用 Photoshop 将总平面线稿图纸分区域填充上色。**

依据语义分割协议 ADE20K 图表，将道路填充为 RGB(140,140,140)，建筑填充为 RGB(180,120,120)，绿地填充为 RGB(4,250,7)。

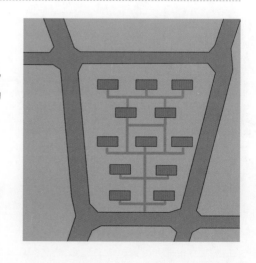

**03** **按下面的步骤设置，启用语义分割控制。**

① 选择 ControlNet Unit 1 选项卡。

② 勾选"启用""完美像素模式""允许预览"复选框。

③ 载入已经做好语义分割的图片文件"学习资源 \Ch06\6-4.png"。

④ 将"控制类型"设置为"Segmentation（语义分割）"。

⑤ 因为已经提前做好了语义分割图纸，所以把"预处理器"改为 none。

⑥ 设置"模型"为 control_v11p_sd15_seg。

⑦ 单击"预处理器"和"模型"之间的 💥 按钮，生成语义分割图。

⑧ 设置"控制权重"为 1，设置"引导终止时机"为 1。

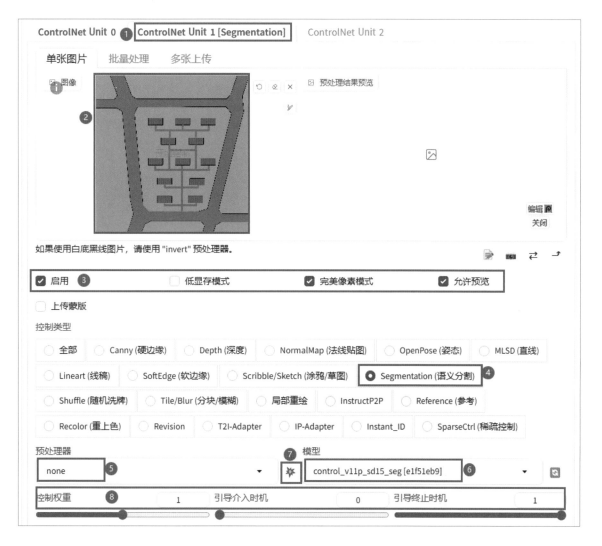

**04** **单击"生成"按钮。**

保持"总批次数"为 4，再次单击"生成"按钮，批量生成效果图。

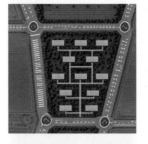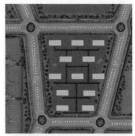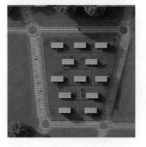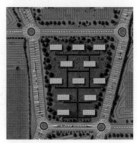

**思考**

通过 ControlNet 的 Lineart（线稿）和 Seg（语义分割）模型的协同作用，Stable Diffusion 基本已经可以正确识别建筑规划总平面图需要的基本元素了。

## *6.2.3* 利用LoRA丰富和完善总平面图

下面利用 LoRA 模型丰富和完善总平面图。

▶ **制作步骤**

**01** **继续上面的案例，设置提示词并通过 ControlNet 线稿模型控制图片。**

**02** **在 Additional Networks 面板中选择 LoRA，按下面的步骤设置。**

① 勾选"启用"复选框。

② 在"模型 1"下方的下拉列表中选择合适的 LoRA 模型，本案例中选择 AARG_Siteplan_Render 彩色真实总图 _V1.0。

③ "权重 1"保持 1 不变。

**03** **增加提示词。**

在提示词最前面增加 aargsite-map,aargdetailmap。这两个词是该 LoRA 模型的发布者制作时确定的触发词，必须使用。

**04** **单击"生成"按钮。**

保持"总批次数"为4,再次单击"生成"按钮。

尝试调整 ControlNet 的权重（建议 0.4~0.6）和"引导终止时机"（建议 0.75），再次单击"生成"按钮，生成图像。

经过多次尝试，从结果中选出右图所示的几个范例。

**思考** ⟩

相对精准的控制力在建筑规划总平面图渲染着色中非常重要，可以通过单个或多个 ControlNet 控制器更高效地获得我们想要得到的效果。但同时，过多的控制也会限制 Stable Diffusion 的发挥空间，因此需要我们通过大量的练习来获得精准调节各个控制器的权重和起止时机的经验。

优秀的大模型和 LoRA 模型能够带来优秀的出图效果，提高成图的效率，多尝试不同的大模型和多种 LoRA 模型的搭配，以获得精彩的成图效果。

## 6.3 实战：楼层平面CAD图的渲染着色

▶ **学习目标**

学习使用 ControlNet 的预处理模型 Lineart（线稿）与 LoRA 模型进行户型平面图的渲染着色。

▶ **知识要点**

❶ 撰写合适的正向提示词，让 Stable Diffusion 理解将要绘制的图是什么，这里的提示词如 Rendering floor plan of the apartment layout 用于表达这里需要的是公寓布局平面图的渲染。提示词不是唯一的，而是可以根据所绘平面图的功能选择合适的提示词。

❷ 使用 ControlNet 的预处理模型 Lineart（线稿）控制生成效果。

由AutoCAD绘制的户型图如左下图所示,灵感创作之后的户型渲染效果如右下图所示。

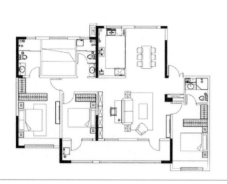 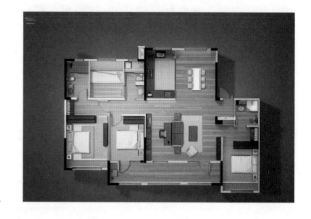

## *6.3.1* 利用Lineart着色户型平面图

学习使用合适的提示词和ControlNet的Lineart(线稿)模型为户型平面图着色。

▶ **制作步骤**

**01 在 AutoCAD 中将绘制好的户型平面图导出为图片格式。**

由于 Stable Diffusion 无法正确识别尺寸和文字,因此在 AutoCAD 中导出图片时需关闭尺寸和文字,以免识别错误。

**02 转到 Stable Diffusion 中,设置基础参数。**

切换到"文生图"选项卡,选择合适的大模型,如 orangechillmix_v70。设置"迭代步数(Steps)"为30、"采样方法(Sampler)"为 Euler a、"提示词引导系数(CFG Scale)"为7、"随机数种子(Seed)"为 -1。这里未提及的参数,建议保留默认值。

**提示**

可以根据希望的出图风格选择合适的大模型(如绘画风格、真实风格等)。目前的建筑类大模型普遍更适合建筑内外形体的表达,基于平立剖面等二维化的图纸训练泛化不够,可以选择通用的大模型结合 LoRA 模型使用。

**03 填入提示词。**

正向提示词: (masterpiece:1.2),best quality,highres,ultra-detailed,extremely detailed CG,8k wallpaper,photograph,photorealistic,aesthetic,raw photo,ultra high res,photo realistic,(Solid background:1.3),a living room and kitchen area in the middle of it,a dining area in the middle,a digital rendering,Rendering floor plan of the apartment layout,top view,simple_background。

中文含义:(杰作:权重1.2),最好的质量,高分辨率,超详细,超详细的计算机图像,8K 壁纸,照片,真实感,美学,原始照片,超高分辨率,照片级逼真,(纯色背景:权重 1.3),中间的起居室和厨房区域、中间的用餐区域,数字渲染,公寓平面布置效果图,俯视图,简单背景。

反向提示词: illustration,3d,sepia,painting,cartoons,sketch,(worst quality:2),(low quality:2),lowres,((monochrome)),(grayscale:1.2),logo,text,error,extra digit,fewer digits,cropped,jpeg artifacts,signature, watermark,username,blurry。

中文含义: 插图, 三维, 深褐色, 绘画, 卡通, 素描, (最差质量: 权重 2), (低质量: 权重 2), 低分辨率, ((单色)), (灰度: 权重 1.2), 标志, 文本, 错误, 额外数字, 较少数字, 裁剪, JPEG 伪影, 签名, 水印, 用户名, 模糊。

**04** 调用 ControlNet。

选择 ControlNet Unit 0 选项卡, 按下面的步骤设置。

① 载入步骤 01 从 AutoCAD 中导出的户型平面图或学习资源文件 "学习资源 \Ch06\6-5.png"。

② 勾选 "启用" "完美像素模式" "允许预览" 复选框。

③ 在 "控制类型" 中选择 "Lineart (线稿)" 选项, 此时 "预处理器" 会自动选择 lineart_standard (from white bg & black line), "模型" 会自动选择 control_v11p_sd15_lineart_fp16。

④ 单击 "预处理器" 和 "模型" 之间的 🖾 按钮, 运行预处理器, 生成黑底白线的预处理结果图片, 并显示在界面上方的预览栏中。

⑤ 设置 "控制权重" 为 1.2、"引导终止时机" 为 1。

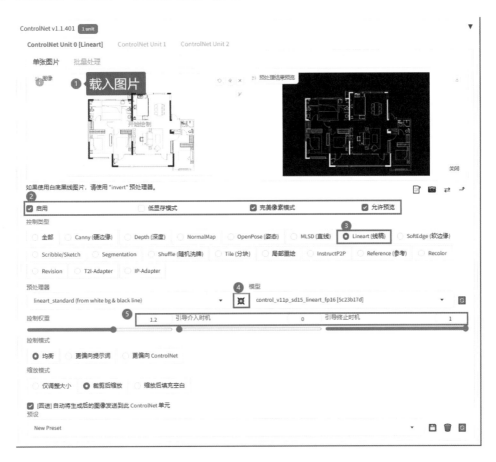

**05** 设置尺寸。

单击 ➙ 按钮, 把本参考图的长度和宽度尺寸发送到生成设置。

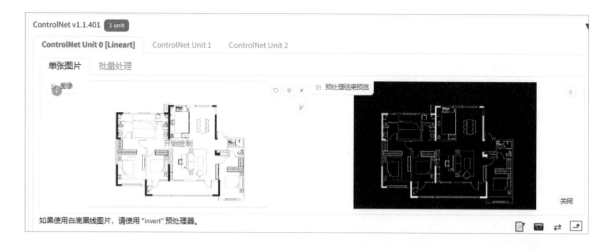

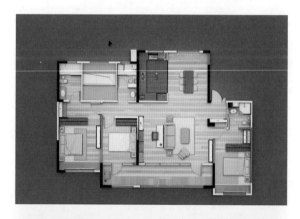

**06** **单击"生成"按钮。**

单击"生成"按钮，生成一张效果图。由于 Stable Diffusion 本身的特性，即使将 ControlNet 的"控制权重"设置在 1.0 以上，生成的效果在局部内容、色彩光影搭配等方面还是有一定的偏差与随机性。右图是其中一张效果图。

**07** **批量生成效果图。**

设置"总批次数"为 4，再次单击"生成"按钮，批量生成效果图。

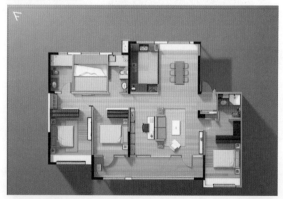

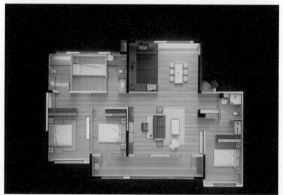

## 6.3.2　利用LoRA丰富和完善户型平面图

下面利用 LoRA 模型丰富和完善户型平面图。

▶ 制作步骤 ⋯⋯⋯⋯⋯⋯⋯⋯⋯⋯⋯⋯⋯⋯⋯⋯⋯⋯⋯⋯⋯⋯⋯⋯⋯⋯⋯⋯⋯⋯

**01** 继续前面的案例，设置提示词并使用 ControlNet 线稿模型控制图片。

**02** 在 Additional Networks 面板中选择 LoRA 模型，按下面的步骤设置。

① 勾选"启用"复选框，设置"附加模型 1"为 LoRA。

② 在"模型 1"下方的下拉列表中选择合适的建筑风格的 LoRA 模型，本案例中选择 lwpm- 老王户型平面填色 _V0.5。

③ 设置"权重 1"为 0.3。

**03** 批量生成效果图。

保持"总批次数"为 4，单击"生成"按钮，批量生成效果图。

建议尝试调整 LoRA 模型的权重（建议 0.4~0.6），再次单击"生成"按钮，下图是从多次尝试的结果中选出的几个范例。

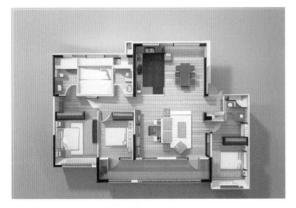
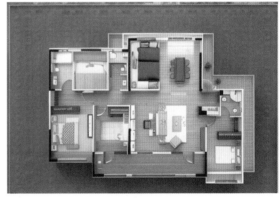
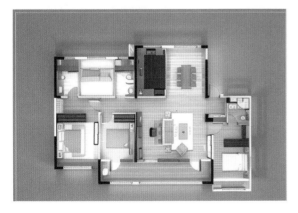
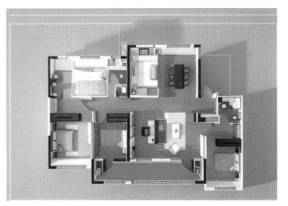

## *6.4* 实战：建筑立面图的渲染着色

▶ **学习目标**

掌握 ControlNet 的 Lineart（线稿）和 Depth（深度）模型，以及 LoRA 模型在建筑立面图渲染着色中的应用。

▶ **知识要点**

❶ 使用 ControlNet 的预处理模型 Lineart（线稿）控制建筑主体的立面元素。

❷ 使用 LoRA 模型控制建筑及画面风格。

❸ 使用 ControlNet 的预处理模型 Depth（深度）控制建筑体量的前后及穿插关系。

从 AutoCAD 中导出的办公楼立面图如左下图所示，灵感渲染之后的效果图参考右下图。

### *6.4.1* 利用Lineart和LoRA生成建筑立面图

利用 ControlNet 的预处理模型 Lineart（线稿）和 LoRA 模型生成建筑立面图。

▶ **制作步骤**

**01 在 AutoCAD 中绘制并导出办公楼立面图。**

方案立面图不用绘制得十分精细，这样既能提高效率，又有利于 Stable Diffusion 的发挥。

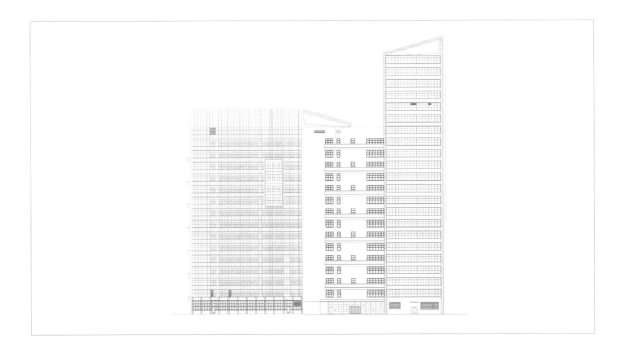

**02 转到 Stable Diffusion 中，设置基础参数。**

切换到"文生图"选项卡，选择合适的大模型，如 MajicMixRealistic_betterV2V25。设置"迭代步数（Steps）"
为 20、"采样方法（Sampler）"为 Euler a、"提示词引导系数（CFG Scale）"为 7、"随机数种子（Seed）"
为 -1。这里未提及的参数，建议保留默认值。

**03 填入提示词。**

正向提示词：a city,city photography,urban construction,building,large visual angle shoot,real world
location。

中文含义：一个城市，城市摄影，城市建设，建筑，大视角拍摄，真实世界定位。

反向提示词：illustration,3d,sepia,painting,cartoons,sketch,(worst quality:2),(low quality:2),lowres,
((monochrome)),(grayscale:1.2),logo,text,error,extra digit,fewer digits,cropped,jpeg artifacts,
signature,watermark,username,blurry。

中文含义：插图，三维，深褐色，绘画，卡通，素描，（最差质量：权重 2），（低质量：权重 2），低分辨率，
（（单色）），（灰度：权重 1.2），标志，文本，错误，额外数字，较少数字，裁剪，JPEG 伪影，签名，
水印，用户名，模糊。

在本案例中，对于建筑立面的控制主要靠ControlNet的预处理模型Lineart（线稿）实现，这里提示词的主
要作用是控制整体画面效果、元素，提示词的填写需结合自身画面需求、大模型及LoRA模型作者的建议。

**04 调用 ControlNet。**

选择 ControlNet Unit 0 选项卡，按下面的步骤设置。

① 载入前面步骤 01 从 AutoCAD 中导出的立面图片 "学习资源 \Ch06\6-6.png"。

② 勾选 "启用" "完美像素模式" "允许预览" 复选框。

③ 在 "控制类型" 中选择 "Lineart（线稿）" 选项，此时 "预处理器" 会自动选择 lineart_standard (from white bg & black line)，"模型" 会自动选择 control_v11p_sd15_lineart_fp16。

④ 单击 "预处理器" 和 "模型" 之间的 按钮，运行预处理器，生成黑底白线的预处理结果图片，并显示在界面上方的预览栏中。

⑤ 设置 "控制权重" 为 0.8、"引导终止时机" 为 1。

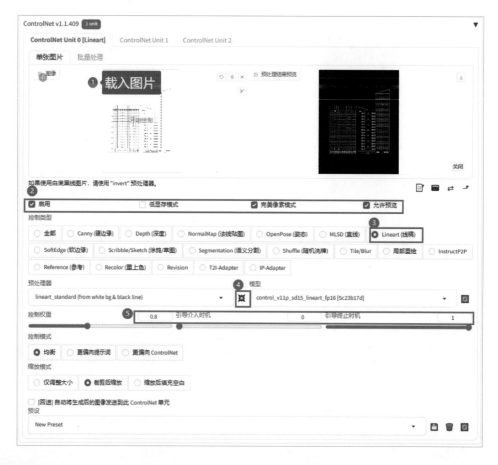

**05 设置尺寸。**

设置图片尺寸为 512 像素 ×630 像素。

**06 调用 LoRA 模型，按下面的步骤设置。**

① 打开 Additional Networks 面板。

② 勾选 "启用" 复选框，并选择 "附加模型 1" 为 LoRA。

③ 在 "模型 1" 下方的下拉列表中选择合适的 LoRA，本案例中选择 dao_office building 办公楼 LoRA（多层、高层、超高层）_v1.0。

④ "权重 1" 保持 0.5 不变。

**07 批量生成效果图。**

设置"总批次数"为 4，单击"生
成"按钮，批量生成效果图。

## 6.4.2　利用Depth正确控制建筑形体的体量关系

　　继续上面的案例。我们可以看到，通过 ControlNet 的 Lineart（线稿）和 LoRA 模型生成的
立面效果图，其色彩关系、环境元素、建筑轮廓、建筑层数等都基本正确，但是结合下面的建筑
平面图可以发现，Stable Diffusion 并不能从 AutoCAD 绘制的立面图中正确识别体量穿插和远近
关系。要改进这一点，就要用到 ControlNet 的 Depth（深度）模型。

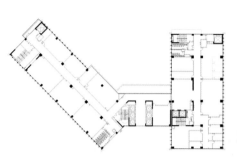 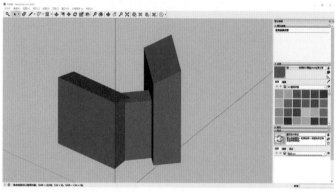

▶ **制作步骤** --------------------------------

**01 在 SketchUp 软件中创建简单的体块模型。**

导入建筑平面图"学习资源 \Ch06\6-7.jpg"，然后根据该图纸建立简单的体块模型。

**02 导出对应的立面图，如下图所示。**

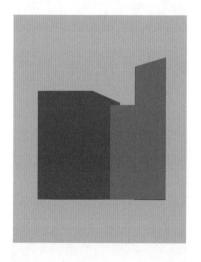

**03 继续前面的案例，提示词保持不变。**

**04 选择 ControlNet Unit 1 选项卡，按下面的步骤设置。**

① 勾选"启用""完美像素模式""允许预览"复选框。

② 载入图片文件"学习资源 \Ch06\6-8.jpg"。

③ 设置"控制类型"为"Depth（深度）"。

④ 把"预处理器"改为 depth_zoe。"模型"保持"Depth（深度）"对应的模型 control_v11f1p_sd15_
   depth_fp16 不变。

⑤ 单击▣按钮，生成深度图。

⑥ 设置"控制权重"为 0.8、"引导终止时机"为 0.8。

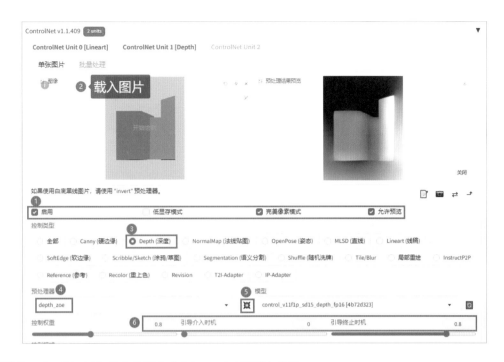

**05** **调整 ControlNet Unit 0 选项卡中 Lineart（线稿）参数。**

将 Lineart（线稿）对应的"引导终止时机"调整为 0.6。

**06** **批量生成效果图。**

保持"总批次数"为 4，单击"生成"按钮，批量生成效果图。建议尝试选择不同的大模型和 LoRA 模型，改变图像及建筑风格，生成理想的效果图。

**思考** ⟩

通过大模型的选择，可以确定整体的图像风格；通过 LoRA 模型的选择，可以控制特定的建筑风格；通过 ControlNet 的 Lineart（线稿）模型，可以控制生成建筑的轮廓、层数、立面分隔等要素；通过 ControlNet 的 Depth（深度）模型，可以控制建筑体量的前后穿插关系。

**建议** ⟩

1. 选择多个 LoRA 模型，通过不同的权重设置来实现复杂的建筑风格、图像风格。

2. 通过多个 ControlNet 预处理器的相互配合，调节各自不同的权重、引导介入时机、引导终止时机，精准控制生成过程，从而得到理想的建筑形态。

CHAPTER SEVEN

# 第 7 章

# Stable Diffusion
# 软件技术要点

**本章介绍**

Stable Diffusion 涉及很多计算机、AI 领域的专业术语和概念，也涉及深奥的数学知识，若完全抛开这些知识，将很难深入且系统地理解 Stable Diffusion 绘画的原理、逻辑和参数设置。但作为设计师，理解这些复杂的知识又似乎与学习 Stable Diffusion 的初衷相悖。为此，本章将以深入浅出的方式系统地讲解相关知识，重点放在教会大家何时用、如何用。

## *7.1* Stable Diffusion中常见的几种模型

Stable Diffusion 中常用的有大模型、VAE 模型、LoRA 模型、ControlNet 模型等，如下图所示。

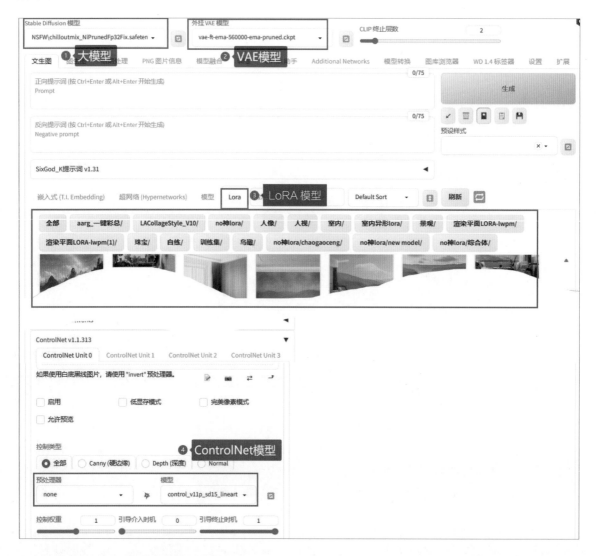

大模型是 AI 的基础模型，是 Stable Diffusion 运行的基础。Stable Diffusion 中至少需要一个大模型，所以大模型也俗称底模或者 Checkpoint 模型。一个大模型文件的大小通常为 2GB~6GB，有的甚至可达 10GB。另外三种模型，本章后面均会展开讲解。

以上模型都可以从公开的网站免费下载和使用。大模型和 LoRA 模型常见的下载网站有 LiblibAi 等，ControlNet 模型常见的下载网站有 Hugging Face、GitHub 等。

模型下载好后放置在特定的文件夹中即可，具体如表 7-1 所示。

表 7-1　模型放置位置

| 模型类型 | 目录 |
| --- | --- |
| 大模型 | \models\Stable-diffusion |
| LoRA 模型 | \models\LoRA |
| ControlNet 模型 | \extensions\sd-webui-controlnet\models |
| VAE 模型 | \models\VAE |

提示 ----------------------------------------------------------------->

LoRA 模型也可以放置在 \extensions\sd-webui-additional-networks\models\LoRA 文件夹中，对应的界面调用位置如下图所示。

## 7.2　ControlNet模型介绍

　　ControlNet 是目前 AI 绘画领域中的一项重要技术。在建筑、室内场景、景观等工程领域绘画方面，画面的可控制性是第一需求，而画面的惊奇、浪漫等随机性要求相对位于其次。虽然通过提示词和 LoRA 模型都能对画面内容和风格产生较大影响，但精确控制画面内容和构图，还得用 ControlNet。

　　提示词是通过语言去控制画面的，ControlNet 则通过一张或几张图去控制画面，是一项可以精准控制画面的技术。很多时候，一张图胜过千言万语，尤其是在工程领域。工程领域需要通过图纸来描述设计，不可能仅通过提示词等语言描述复杂的工程设计，这就是 ControlNet 存在的意义。

　　ControlNet 一经推出，便在 AI 绘画界迅速走红，并推动了 AI 绘画在建筑、室内场景、园林景观等工程领域的应用。本节介绍 ControlNet V1.1 的功能。

　　ControlNet V1.1 包含表 7-2 所示的几种控制方式。

表 7-2  ControlNet V1.1 的控制方式

| 控制方式 | 设置选项 | 应用场景 |
| --- | --- | --- |
| 线条 | Lineart（线稿） | 相当于素描线稿，用以控制形体，AI 建筑绘画最常用 |
| | Canny（硬边缘） | 相当于素描线稿，用以控制形体，AI 人物卡通绘画常用 |
| | MLSD（直线） | 简单直线、透视线表达 |
| | SoftEdge（软边缘） | SoftEdge 模型能够提供更加模糊、柔性的边缘信息，它并不会将边缘信息过于精确地确定下来，而是给出一个相对宽泛的边缘范围。这样的特性使得 SoftEdge 模型在处理复杂多变的图像时具有更大的灵活性，如处理卷曲的头发等 |
| | Scribble（涂鸦） | 用比素描更简单的线稿控制形体，故名涂鸦，可以给 AI 更多的想象空间 |
| 深度与方向 | Normal（法线） | 可根据法线不同，区分垂直墙面和坡屋面 |
| | Depth（深度） | 可约束空间，如区分窗洞与墙体 |
| 区域 | Tile（分块） | 主要用于为已有图片增加细节，提升分辨率 |
| | Seg（语义分割） | 通过不同色块定义画面区域内容，室内场景、园林最常用 |
| | Inpaint（局部重绘） | 顾名思义，修改画面局部，如更改室内画面中的沙发，又如给人物换衣服等 |
| 人物姿势 | OpenPose（姿态） | 人物绘画最常用，用于控制人物姿态 |
| 其他 | Shuffle（随机洗牌） | 将上传的图像先融为一团，通过压缩重构建与分析图像的内容，生成与其相似的图像 |
| | IP2P（像素特效） | 画面像素级修改，如改为雪景 |
| | IP-Adapter（风格适配） | 用一张图片作为参考风格等 |
| | Reference（参考） | 用一张图片作为参考风格等 |

下面介绍几种与建筑绘画紧密相关的 ControlNet 模型。

## 7.2.1  ControlNet模型介绍之Lineart（线稿）

线稿的预处理器有以下几种类型，括号中描述的是其用途。

lineart_anime（动漫线稿提取）。

lineart_anime_denoise（动漫线稿提取 - 去噪）。

lineart_coarse（粗略线稿提取）。

lineart_realistic（写实线稿提取）。

lineart_standard（标准线稿提取 - 白底黑线反色）。

invert（白底黑线反色）。

如果输入的是白底黑线的手绘稿，预处理器就需要用到 invert（白底黑线反色）。

如果输入的是黑底白线稿（如 AutoCAD 界面的截图），就可以在"预处理器"中选择 none，即不需要预处理，之后单击◉按钮运行预处理器，会直接把输入图复制到界面上方右侧的预处理结果预览栏中。

手绘原稿

对手绘稿预处理结果

一张迭代过程的中间成果

对中间成果再预处理

## 7.2.2　ControlNet模型介绍之Canny（硬边缘）

所谓硬边缘，就是用轮廓比较清晰的图案去控制画面，其效果与 Lineart（线稿）模型有相似之处，读者可以自行尝试比较。下页所示的几个输出结果是根据下图所示的树叶生成的。

设置"控制权重"为0.6、"引导终止时机"为0.9、"采样方法（Sampler）"为Euler a、"迭代步数（Steps）"为20、"提示词引导系数（CFG Scale）"为7、"控制模式"为"均衡"，大模型采用ChilloutMix。

提示词：mountain,cloud,sky

提示词：desert

提示词：field,lake

提示词：garden,spring

## 7.2.3　ControlNet模型介绍之Normal（法线）

法线是垂直于物体表面的矢量，也可以理解为箭头，曲面各位置的法线方向不同，如左下图所示。输入的模型如右下图所示。

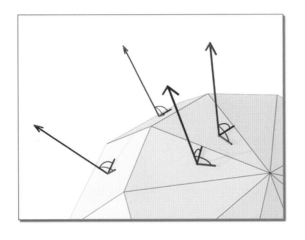
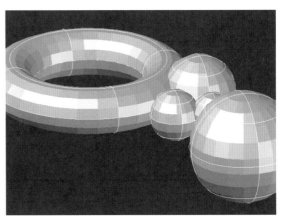

設置"采样方法（Sampler）"为 Euler a、"迭代步数（Steps）"为 20、"提示词引导系数（CFG Scale）"为 7、"控制模式"为"均衡"，大模型采用 ChilloutMix。以下为输出结果及法线预览图。

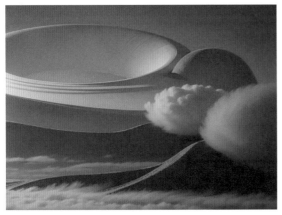

提示词：mountain,cloud

"控制权重"为 0.65，"引导终止时机"为 1.0

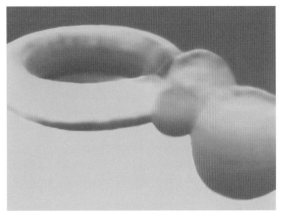

法线预览图

提示词：bowl

"控制权重"为 0.9，"引导终止时机"为 1.0

提示词：garden,spring

"控制权重"为 0.9，"引导终止时机"为 1.0

## 7.2.4 ControlNet模型介绍之Depth（深度）

图像的每一个像素亮度值表示场景中该点与摄像机的距离，黑色表示无限远。下面介绍一个使用 Depth（深度）模型来解决 Stable Diffusion 输出错误问题的范例。

在 SketchUp 中绘制一间卧室的简单布局，该设计左侧有矩形窗户，右侧墙面无窗，如下图所示。

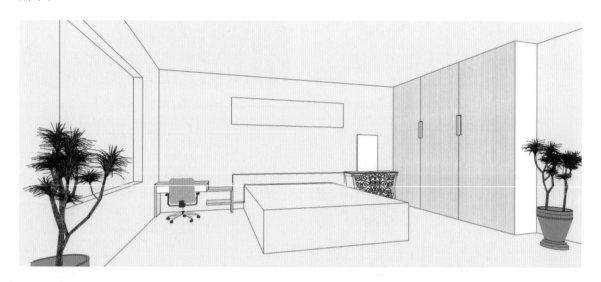

将 SketchUp 中绘制的简单布局导入 Stable Diffusion，最终生成的结果却是左侧变成镜面，右侧墙面处变成落地窗，如下图所示。

解决上述问题的方法通常是批量生成图片，或者用 Seg( 语义分割 ) 图指定窗户位置。这里使用另一种方法，那就是通过 Depth（深度）图指定窗户位置。

▶ **制作步骤**

① 把前面生成的错误的卧室图片"学习资源 \Ch07\7-1.png"拖曳到 ControlNet Unit 0 选项卡中。

② 选择"控制类型"为"Depth（深度）"。

③ 单击 按钮生成深度预览图。

④ 下载灰度深度图片。

⑤ 在 Photoshop 中打开下载的灰度深度图片，将窗户区域填充为黑色，右侧墙体区域填充为白色。

下面重新修改 ControlNet 的参数。

① 把经过 Photoshop 修改的深度图拖入 ControlNet Unit 0 选项卡中。

② 勾选"启用""允许预览""预处理结果作为输入"复选框。

③ 把"预处理器"改为 none，因为载入的图片已经是深度图。保持"模型"选项不变。

④ 单击 按钮，复制输入的深度图到预处理结果预览栏中。

单击"生成"按钮，即可生成窗户位置正确的效果图。

通过以上处理，就可以明确指定窗户位置了。

## 7.2.5 ControlNet模型介绍之Tile（分块）

Tile（分块）可以用于多方面的创作。

1. 低分辨率高清化、放大图片、细节增强等。

分辨率: 64 像素 ×64 像素

分辨率: 1024 像素 ×1024 像素

基础参数如下。

大模型: cyriousmix_14; 外挂 VAE 模型: Automatic; 图像宽高: 512 像素 ×512 像素; 总批次数: 1; 单批数量: 1; 迭代步数: 20; 采样方法: Euler a; 提示词引导系数: 7; 随机数种子: −1; 高分辨修复: 启用; 高分辨修复倍数: 2。

正向提示词: masterpiece,best quality,photorealistic,high resolution。

中文含义: 大师杰作, 最好的质量, 逼真, 高分辨率。

反向提示词: illustration,3d,sepia,painting,cartoons,sketch,(worst quality:2),(low quality:2),(normal quality:2),lowres,bad anatomy,bad hands,normal quality,((monochrome)),(grayscale:1.2),collapsed eyeshadow,analog,analogphoto,logo,2 faces,text,error,extra digit,fewer digits,cropped,jpeg artifacts,signature,watermark,username,blurry。

中文含义: 插图, 三维, 深褐色, 绘画, 卡通, 素描, ( 最差质量: 权重 2 ), ( 低质量: 权重 2 ), ( 正常质量: 权重 2 ), 低分辨率, 解剖结构不好, 手部不好, 正常质量, ( ( 单色 ) ), ( 灰度: 权重 1.2 ), 塌陷的眼影, 模拟, 模拟照片, 标志, 两张脸, 文本, 错误, 多余的数字, 少量数字, 裁剪, JPEG 伪影, 签名, 水印, 用户名, 模糊。

在ControlNet中载入图片 "学习资源\Ch07\7-2.jpg"; 预处理器: tile_resample; 模型: control_v11f1e_sd15_tile; 控制权重: 0.95; 引导介入时机: 0; 引导终止时机: 1; 控制模式: 均衡。

2.画面风格迁移, 如人物卡通画、二次元风格、真实感图片转水彩、油画风格等。

下图是处理前的原图。

下图为真实感图片风格化处理的结果，增加了晚霞和水粉画色块效果。

调整方法如下。

在ControlNet中载入真实感图片"学习资源\Ch07\7-3.png"，选择"Tile（分块）"控制类型，设置"控制权重"为1.5，其他值保持默认。

提示词增加：(comic:1.5),sunset,indoor lighting on。

中文含义：（漫画：权重1.5），夕阳，室内开灯。

大模型选择：cyriousmix_14。

下图是修改正向提示词后生成的结果，正向提示词增加了 inkpaint,ink<lora:huizhou:0.95>。

想要了解如何通过图片查询该图创建时的提示词等参数信息，请阅读 7.8 节。

## 7.2.6  ControlNet模型介绍之Seg（语义分割）

简单地说，语义分割就是画面中用不同色块代替特定物体。特定的色彩按照业界通用的 ADE20K 协议约定，用 RGB 颜色值表达，部分如下图所示 [ 完整 PDF 文件位于学习资源 \SEG\ ADE20K-SEG（原版）.pdf]。

| Ratio | Train | Val | Stuff | | Color_Code (R,G,B) | Color_Code(hex) | Color | Name |
|---|---|---|---|---|---|---|---|---|
| 1 | 0.1576 | 11664 | 1172 | 1 | (120, 120, 120) | #787878 | | wall |
| 2 | 0.1072 | 6046 | 612 | 1 | (180, 120, 120) | #B47878 | | building;edifice |
| 3 | 0.0878 | 8265 | 796 | 1 | (6, 230, 230) | #06E6E6 | | sky |
| 4 | 0.0621 | 9336 | 917 | 1 | (80, 50, 50) | #503232 | | floor;flooring |
| 5 | 0.048 | 6678 | 641 | 0 | (4, 200, 3) | #04C803 | | tree |
| 6 | 0.045 | 6604 | 643 | 1 | (120, 120, 80) | #787850 | | ceiling |
| 7 | 0.0398 | 4023 | 408 | 1 | (140, 140, 140) | #8C8C8C | | road;route |
| 8 | 0.0231 | 1906 | 199 | 0 | (204, 5, 255) | #CC05FF | | bed |
| 9 | 0.0198 | 4688 | 460 | 0 | (230, 230, 230) | #E6E6E6 | | windowpane;window |
| 10 | 0.0183 | 2423 | 225 | 1 | (4, 250, 7) | #04FA07 | | grass |
| 11 | 0.0181 | 2874 | 294 | 0 | (224, 5, 255) | #E005FF | | cabinet |
| 12 | 0.0166 | 3068 | 310 | 1 | (235, 255, 7) | #EBFF07 | | sidewalk;pavement |
| 13 | 0.016 | 5075 | 526 | 0 | (150, 5, 61) | #96053D | | person;individual;som |
| 14 | 0.0151 | 1804 | 190 | 1 | (120, 120, 70) | #787846 | | earth;ground |
| 15 | 0.0118 | 6666 | 796 | 0 | (8, 255, 51) | #08FF33 | | door;double;door |

用法示例如下。

用左下图所示的手绘稿进行真实灵感渲染,设计师设想得到的应该是右下图所示的效果,然而最终生成的结果常常出错。解决的策略之一就是用 Seg(语义分割)图,先用生成的错误图片生成语义分割图,再把此语义分割图导入 Photoshop 中修改,得到正确的语义分割图。具体步骤请参考第 5.1.2 节。

手稿

理想的效果

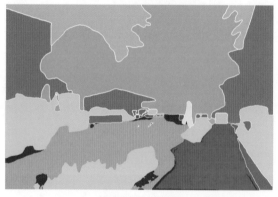

错误的语义分割图

修改后的语义分割图

## 7.2.7　ControlNet模型介绍之IP2P(像素特效)

下面第一张图是原图,另外三张图是使用 IP2P 实现的三种特殊效果:雪景、春天和火灾。

下面以实现雪景效果为例来介绍具体设置步骤。

▶ **制作步骤**

**01** 选择真实感大模型，外挂 VAE 模型可选择 None。

**02** 提示词增加 make it snow（要实现火灾和春天的效果则分别增加 fire 与 spring blossom 提示词）。

**03 在 ControlNet 中进行如下设置。**

① 载入原图"学习资源 \Ch07\7-4.png"。

② 勾选"启用""完美像素模式""允许预览""预处理结果作为输入"复选框。

③ 在"控制类型"中选择"全部"，把"预处理器"设为 none。（可以在"控制类型"中选择"IP2P"，也可以按这里讲解的方法来操作，最终效果相同。关键是要将"预处理器"设置为 none。）

④ 在"模型"下拉列表中选择含"ip2p"的模型。

⑤ 单击"预处理器"和"模型"之间的 💥 按钮，运行预处理器，复制图片到预处理结果预览栏中。

⑥ 设置"控制权重"为 0.8 或 1。

⑦ 设置"引导终止时机"为 0.8 或 1。

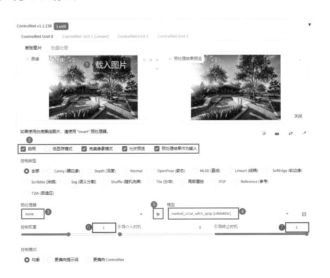

04 单击"生成"按钮，查看结果。

## 7.2.8 ControlNet模型介绍之IP-Adapter（风格适配）

可以用两种方法同时控制室内效果图的生成，一种是用手绘线稿图控制室内的布局，另一种是用参考图片控制画面的风格和室内的效果。

▶ **制作步骤** .................................................................

01 选择真实感极强的 NextPhoto 大模型，外挂 VAE 模型选择 vae-ft-ema-560000-ema-pruned.ckpt。

| Stable Diffusion 模型 | | 外挂 VAE 模型 |
| --- | --- | --- |
| NextPhoto_v1.0.safetensors [20af92d769] ▾ | ⟳ | vae-ft-ema-560000-ema-pruned.ckpt ▾ |

02 **填入提示词。**

正向提示词：living room,photo,high quality。

中文含义：客厅，照片，高品质。

无反向提示词。

03 **设置 ControlNet Unit 0 选项卡的参数。**

① 载入手绘图"学习资源 \Ch07\7-5.png"。

② 勾选"启用""完美像素模式""允许预览"复选框。

③ 在"控制类型"中选择"Lineart（线稿）"选项。

④ 单击"预处理器"和"模型"之间的 ⚡ 按钮，运行预处理器，生成黑底白线线稿。

⑤ 设置"控制权重"为 0.7（因为本线稿不够详细准确，所以需要较低的权重，给 Stable Diffusion 预留足够的发挥空间）。

⑥ 设置"引导终止时机"为 0.88，也可以为 1。

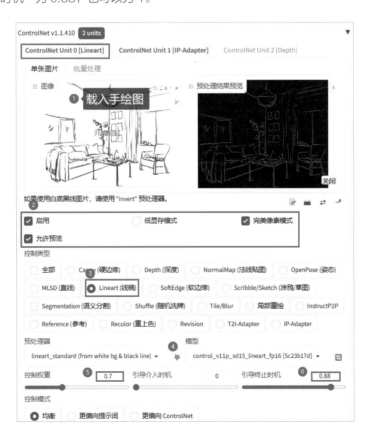

**04 设置 ControlNet Unit 1 选项卡的参数。**

① 载入参考图"学习资源 \Ch07\7-6.png"。

② 勾选"启用""完美像素模式""允许预览"复选框。

③ 在"控制类型"中选择 IP-Adapter 选项。

④ 单击"预处理器"和"模型"之间的 💥 按钮，运行预处理器。

⑤ 设置"控制权重"为 1.5。权重大于 1，表示强力适配照片风格。

⑥ 设置"引导终止时机"为 0.88，也可以为 1。

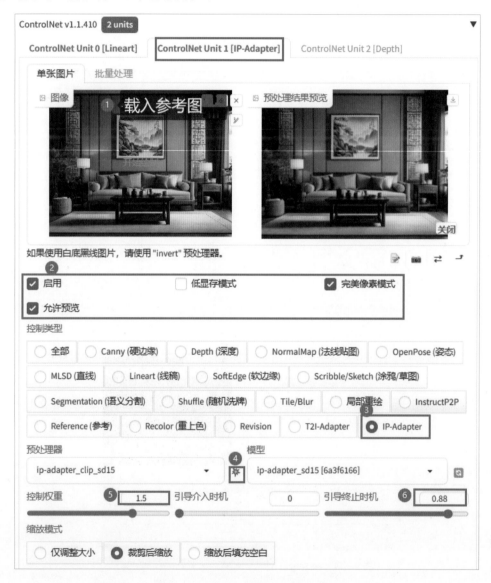

**05 单击"生成"按钮，查看结果。如果效果不满意，可以微调参数继续生成。**

# 7.3　LoRA模型

LoRA 模型又称小模型、微调小模型、低秩模型。LoRA 模型的大小常常为 36MB、72MB、144MB 等，相对大模型动辄几千兆字节（GB）的大小而言非常小。但是，它对画面风格的控制非常重要，甚至可以产生巨大的影响。大模型可以说是包罗万象的，几乎包含一切物体；而 LoRA 模型是针对特定类型的物体或画面风格的训练。

- LoRA 模型常常针对特定艺术风格、特定艺术家、特定物体类型。
- LoRA 模型可以自行训练，训练过程耗时较短，可以在 1~2 个小时内完成。
- LoRA 模型必须与大模型结合使用，大模型可以独立使用。
- LoRA 模型可以理解为 Stable Diffusion 的一个插件，在生成时影响图片结果。

举个更容易理解的例子：大模型就像素颜的人，LoRA 模型就如同化妆、整容或 Cosplay 后的人，但内在还是大模型的底子。当然，LoRA 模型不限于人物，场景、动漫风格等都有相对应的 LoRA。

范例：采用地中海圣托里尼风格的卧室设计。

大模型：ChilloutMix；反向提示词：无；其他默认。

左下图与右下图的唯一区别就是未使用名为 ARWSantoriniInterior 的 LoRA 模型。右下图的提示词中 <LoRA:ARWSantoriniInterior:1> 即表示使用名为 ARWSantoriniInterior 的 LoRA 模型，权重为 1；部分 LoRA 模型必须增加特定触发词作为提示词，如这里的 antorini interior room。

正向提示词：bed room。

正向提示词：bed room,<LoRA:ARWSantoriniInterior:1>,
antorini interior room。

特定触发词一般展示在发布 LoRA 模型的公开网页上；也可以在 Stable Diffusion 的 LoRA 界面上单击 🛈 图标获取。

单击 图标，弹出右图所示的界面，在展示的信息文字中找到第 5 行 ss_tag_frequency，其后花括号中的文字就是触发词。

```
{
    "ss_sd_model_name": "runwayml/stable-diffusion-v1-5",
    "ss_resolution": "(512, 512)",
    "ss_clip_skip": "None",
    "ss_num_train_images": "2000",
    "ss_tag_frequency": {
        "40_santoriniinterior room": {
            "santoriniinterior room": 50
        }
    },
    "ss_adaptive_noise_scale": "None",
    "ss_batch_size_per_device": "2",
    "ss_bucket_info": {
```

# 7.4 VAE模型

只使用 Stable Diffusion 大模型画的图很容易出现模糊的情况，本节就讲解通过 VAE 模型的使用来解决图像模糊的问题。下图是软件界面。

## 7.4.1 什么是VAE

这里的文字读者可以根据兴趣阅读，如公式理解困难可以略过。

VAE 是复杂的数学运算，其对应的公式如下，我们不需要深入理解公式，仅仅知道即可。

$$l_i(\theta, \phi) = -E_{z \sim q\theta(z|x_i)}[log(p_\phi(x_i|z))] + KL(q_\theta(z|x_i)||p(z))$$

VAE 本质上是一种训练模型，Stable Diffusion 中的 VAE 模型主要是模型作者对训练好的模型进行"解压"的解码工具。

## 7.4.2 下载安装VAE模型

从官方渠道下载安装 VAE 模型。VAE 模型文件的扩展名是 CKPT 或者 PT，安装路径是 models\VAE，文件大小只有几百兆。注意要与其他扩展名类似的模型文件区分开。

### 7.4.3　VAE模型的作用

按大模型的要求（一般在大模型提供者的网站页面上有提示），合理使用 VAE 模型，能解决图片模糊的问题。若不清楚大模型对 VAE 模型的具体要求，可以多次尝试或选择自动处理，也有很多大模型不需要 VAE 模型。

下面两张图片，一张使用了 VAE-56000 模型，另一张未使用 VAE 模型。

使用 VAE-56000 模型　　　　　　　　　　　　　　　　　　未使用 VAE 模型

## 7.5　迭代步数和采样方法

本节介绍"迭代步数（Steps）"和"采样方法 (Samplers)"。

### 7.5.1　迭代步数（Steps）

迭代是程序重复计算，并逐步逼近目标的过程。一般更多的迭代步数可能会有更好的生成效果和更多细节，但是会导致生成时间变长。在实际应用中，30 步和 50 步之间的差异几乎无法区分，更多的迭代步数也并未带来效果的明显提升，有时甚至会带来负面影响。

### 7.5.2　采样方法（Samplers）

目前版本有 20 多种采样方法，设计师不需要理解其内核原理，只需要在合适的时候选择合适的采样器即可。效果合适，时间最短，是常见的需求。观察下图，可以看到不同采样方法各需要多少迭代步数才能获得理想效果。在实际工作中，还需要了解其耗时情况。

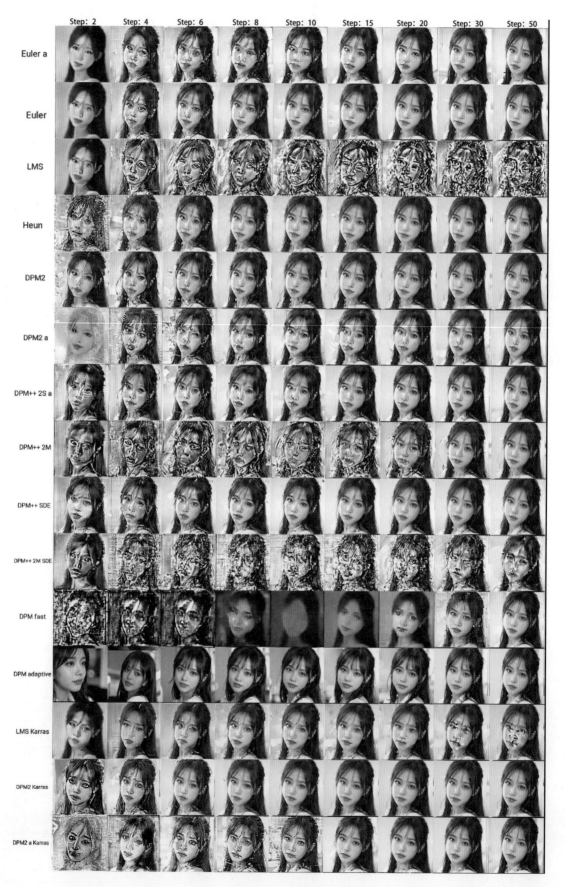

从上图中可以发现，不同采样方法获得理想效果的迭代步数不同。20 次的迭代步数对大部分采样方法是合适且快速的，这也是为何迭代步数的默认值为 20。

另外，不同采样方法对不同大模型有不一样的适应度，具体可以了解大模型创作者的相关提示。

大家在使用新模型时，可以多尝试不同的采样方法和迭代步数，找到它们的最佳组合，判断时要从出图时间、对提示词的理解、最终成图效果等维度考量。

一般情况下，可以使用 Euler、Euler a、DPM2、DPM2 Karras 等采样方法，但 LMS、DPM fast 等采样方法慎用。

### 7.5.3　过拟合

从 7.5.2 节的对比效果图中可以发现，LMS Karras 采样方法在迭代步数为 15 时表现良好，但当迭代步数为 30 或 50 时，反而出现了画面崩坏的情况，这就是过拟合。

不仅是迭代步数，提示词引导系数、ControlNet 控制权重、LoRA 控制权重过高时，都有可能发生过拟合。

过拟合是 AI 领域里常用的一个数学概念，下图是对其更直观的解读。对应到软件操作上，就是要理解：参数不是设置得越大越好，也不是越小越好，而是要调整到一个合适的值。

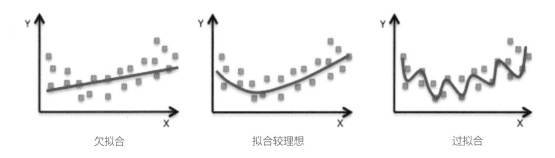

欠拟合　　　　　　　　拟合较理想　　　　　　　　过拟合

## 7.6　提示词的权重语法

提示词需要根据创作的内容和画面的风格等因素来确定。下面讲解从哪些方面考虑提示词，以及如何控制提示词。

### 7.6.1　提示词的构成

提示词（prompt）可以由多个词构成（用英文逗号分隔），也可以是完整句子。它分为正向提示词（positive prompt）和反向提示词（negative prompt），用来告诉 AI 哪些需要，哪些不需要。目前的 Stable Diffusion 版本中提示词只能用英文和半角标点符号。

提示词：通常叫正向提示词，用于对想要生成的东西进行文字描述。

反向提示词：用文字描述不希望在图像中出现的东西。

> masterpiece, best quality, 2-story building, small house, {{{Mediterranean architecture style}}}, wood steel and glass facade, on green field, blue sky, pool
>
> 0/75
>
> 93/150
>
> illustration, 3d, sepia, painting, cartoons, sketch, (worst quality:2), (low quality:2), (normal quality:2), lowres, bad anatomy, bad hands, normal quality, ((monochrome)), ((grayscale:1.2)), collapsed eyeshadow, analog, analogphoto, signatre, logo, 2 faces, lowres, bad anatomy, bad hands, text, error, extra digit, fewer digits, cropped, jpeg artifacts, signature, watermark, username, blurry,

## 7.6.2 提示词权重

各提示词的权重默认值都是1，从左到右依次减弱，权重会影响画面生成结果。例如，景色提示词在前，人物就会小，反之人物会变大。选择正确的顺序、语法来使用提示词，将更好、更快、更有效率地展现心目中的画面。

一般建议的提示词顺序为画面质量→主要元素→细节。若想明确风格，则描述风格的提示词应当在描述内容的提示词前出现，具体顺序为画面质量→风格→元素→细节（画面质量一般都是第一优先的需求。）

提示词一般由以下几项组成

● 质量与风格（图像质量＋画风＋镜头效果＋光照效果＋主题＋构图）。

● 主体（人物＆对象＋姿势＋服装＋道具）。

● 细节（场景＋环境＋饰品＋特征）。

## 7.6.3 增加或减小权重

增加或减小权重可以使用以下方式实现。

● 左圆括号＋提示词＋冒号＋数字＋右圆括号：直接指定提示词的权重，如(cloud:0.75)，即表示cloud的权重为0.75。

● 仅圆括号：增加权重0.1，如(cloud)，即表示权重乘以1.1。

● 仅花括号：增加权重0.05，如{cloud}，即表示权重乘以1.05。

● 仅方括号：减小权重0.1，如[cloud]，即表示权重除以1.1。

● 复用括号：叠加权重，如(((cloud)))，表示权重是1.1×1.1×1.1，即权重为1.331。

选择一个提示词后，使用快捷键Ctrl+↑或Ctrl+↓可以快速增加或减小提示词权重。使用快捷键Ctrl+→和Ctrl+←可以快速切换光标在提示词中的位置。

## 7.6.4  提示词提取方法

提示词没有固定组合和词组，需要根据绘制的内容、风格、细节去构思。可以参考网上优秀的绘图成果去学习提示词，也可以多尝试把自己的绘图构想用合适的提示词表达出来。

方法 1：启动 Stable Diffusion，在"PNG 图片信息"栏目中拖入由 Stable Diffusion 输出的 PNG 原图，即可看到该图的提示词。

方法 2：在网站浏览优秀绘图成果，并查询提示词等信息。例如某网站的"作品灵感"栏目，展示了提示词和其他参数，可以复制这些参数，重现该画作。

还可以在网站浏览提示词大全汇总等，学习他人总结的经验。

**注意**

注意提示词的相互干扰和其隐含的联系，如正向提示词中同时出现 sunlight 和 star 就是相互矛盾的；又如提示词中有 sofa，就一般会自动联想到是室内场景等。

## 7.7 提示词引导系数

提示词引导系数（CFG Scale）是用来控制提示词与出图相关性的一个数值。该值越高，提示词对最终生成结果的影响越大，契合度越高。

过高的提示词引导系数体现为粗犷的线条和锐化过度的图像，对画面色彩浓淡也有影响。

**提示**

经测试，提示词引导系数对画面色彩浓淡的影响如下。

1. 提示词引导系数值越高，色彩越鲜艳；提示词引导系数值越低，色彩越暗淡。

2. 过高的提示词引导系数值搭配过低的迭代步数会导致画面颜色饱和度过高。同时，过低的迭代步数会导致画面变形或者崩坏，过高的迭代步数则需要足够大的画布像素才能体现效果。

下图为提示词引导系数分别为 7、15、30 三个值时的结果。

实验条件：迭代步数为 56（若迭代步数为 20，结果差别较小）。

大模型：anything_V5_PrtRE；采样方法：Euler a。

ControlNet：使用 Lineart 模型来控制图片内容的一致性。权重为 1，控制模式为"更偏向提示词"。

正向提示词：1 girl,traditional Chinese clothing,side front,upper_body,simple background。

中文含义：一个女孩，中国传统服装，侧前方，上身，背景简单。

无反向提示词。

提示词引导系数为 7　　　　提示词引导系数为 15　　　　提示词引导系数为 30

下图为提示词引导系数分别为 7、15、30 时的效果，可以看到在提示词引导系数为 15 和 30 时画面出现了崩坏的情况。

实验条件：迭代步数为 20，大模型为 anime3dMix_1，不使用 ControlNet，采样方法为 Euler a。

| 提示词引导系数为 7 | 提示词引导系数为 15 | 提示词引导系数为 30 |
| --- | --- | --- |

提示词引导系数可以从 0~30 进行调整，从经验来看，将其设置为 5~10 之间的值是最常规和最保险的做法。另外，参数的效果还受其他参数的影响，在采用同样的提示词引导系数的情况下，不同的大模型、不同的迭代步数、不同的采样方法，以及是否使用 ControlNet 等因素，都会影响最后的效果。

## 7.8　从图片获取参数信息或提示词

下面介绍从图片获得参数信息或提示词的两种方法。

### 7.8.1　从 "PNG 图片信息" 选项卡提取提示词

用 Stable Diffusion 生成的图片，后缀是 PNG，其图片数据文件中包含创建时使用的主要参数，只要没有经过任何图片处理（包含缩放等），就可以完整提取该信息。方法是在 "PNG 图片信息" 选项卡中，把图片拖入下图所示的区域即可。

PNG 图片信息不仅包含提示词，还包含原先创建时的诸多参数，如迭代步数、提示词引导系数、ControlNet 等，单击 "发送到文生图"，可以快速把提示词复制到相关栏目，并设置相关参数。

## 7.8.2 从已有图片反推提示词

因为 Stable Diffusion 已具备识别图片的能力，所以可以从图片中反推提示词。方法是在"图生图"选项卡中，先载入图片，然后单击"CLIP 反推"按钮即可。注意载入图片的长度和宽度尽量小于 768 像素，否则耗时较长。

## 7.9 X / Y / Z 图表

下图中横坐标是迭代步数 2、4、6、8、10、15、20、30、50；纵坐标是各种采样方法，如 Euler a、Euler、LMS、Heun、DPM2 等。这张 9×15 的图，就是用脚本 X / Y / Z plot（图表）自动生成的，批量操作让 Stable Diffusion 按照不同的迭代步数和采样方法组合，生成了 135 张图，并自动拼合成图表。

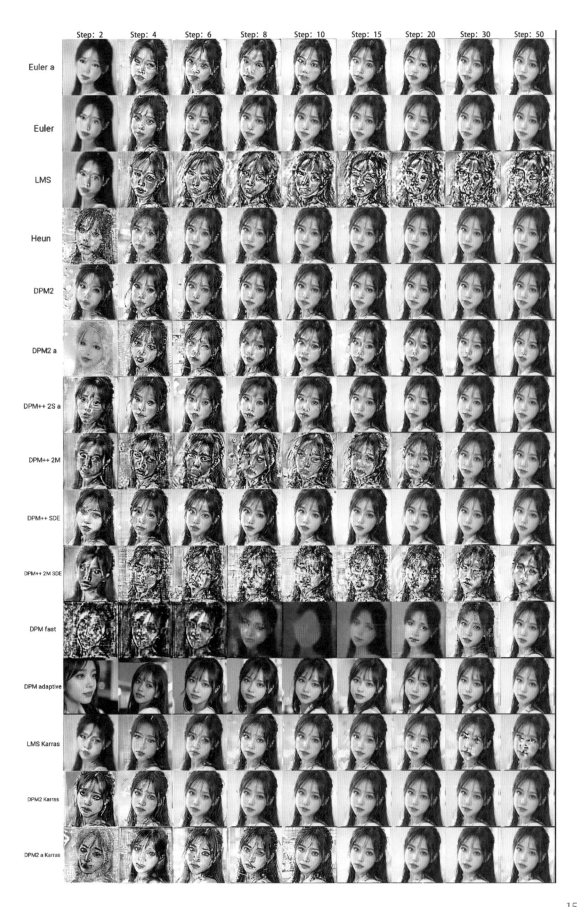

采用 X/Y/Z plot 脚本,可以让 Stable Diffusion 生成图片时按照设置的参数批量生成,也可以批量尝试不同的参数,从而方便选择及优化参数。

参数的类型会根据其项目类型自动变化,可能是整数、小数或展现为文字的多个备选项等。例如,迭代步数可以有以下几种表达方式。

● 罗列数字:2,4,6,8,10,15,20,30,50——注意是半角逗号。

● 简单数列:1-5——表示输入 1、2、3、4、5。

● 简单数列(增量):圆括号内表示增量。

1-5(+2)——从 1 到 5 的范围,增量是 2,即 1、3、5;

10-5(-3)——从 10 到 5 的范围,增量是 -3,即 10、7;

1-3(+0.5)——从 1 到 3 的范围,增量是 0.5,即 1、1.5、2、2.5、3。

● 简单数列 [ 数量 ]:方括号内表示数量。

1-10[5]——1,3,5,7,10。

0.0-1.0[6]——0.0,0.2,0.4,0.6,0.8,1.0。

按照下图参数设置,即可生成类似于上页图片所展示的纵横图像列表。

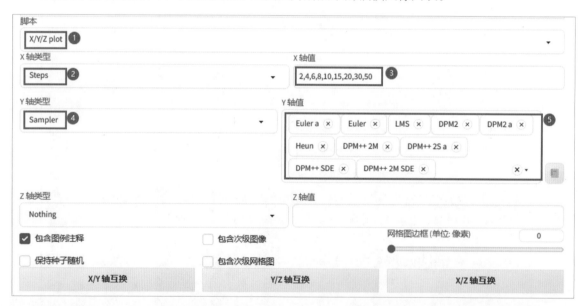

下面是设想创建的一个建筑方案(在山谷的顶部设计一个观景台)的效果图展示。

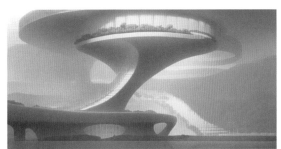

创作思路如下。

1. 设想是通体白色的、曲线型的建筑，再根据当地悬崖峭壁上有珍稀灵芝生长，建议融入灵芝元素。于是手绘了一张很粗略的草图，建筑的整体造型像灵芝一样，有大台阶通向顶部，顶部有观光的人群。

2. 撰写正向提示词：curve style building,platform for visitors,whole white surface,a large white building with a staircase leading up to its top floor and people walking alongside it,*ArchDaily*,a digital rendering,hypermodernism,background is mountain valley and lake,mysterious,tropical rain forest,science fiction,Dreamy,surrealistic。

中文含义：曲线风格的建筑，供游客使用的平台，整个白色表面，一个白色的大建筑，有楼梯通往顶层，人们从侧面走上去，《每日建筑》入选图片，数字渲染，超现代主义，背景是山谷和湖泊，神秘，热带雨林，科幻，梦幻，超现实主义。

3. 准备用计算机已安装的所有大模型测试一遍，考虑到不同大模型的作者在制作大模型时一定使用了不同的、极其丰富的素材，因此选用不同大模型可能会产生令人意想不到的效果。

4. 把手绘稿输入 ControlNet，采用多个不同权重，既不脱离灵芝的构思，又产生多种效果。

5. 使用 $X/Y/Z$ plot 脚本，选用所有大模型，设置 ControlNet 权重为 0.3、0.33、0.36、0.40、0.45、0.50、0.55、0.6 等多个值。

▶ **制作步骤** ……………………………………………………………………………………………

**01 选择"文生图"选项卡。**

**02 填入提示词。**

**03 选择 ControlNet，按以下步骤设置。**

① 在 ControlNet Unit 0 选项卡中上传图片文件"学习资源 \Ch07\7-7.jpg"。

② 勾选"启用""完美像素模式""允许预览""预处理结果作为输入"复选框。

③ 设置"控制类型"为 Lineart（线稿）。

④ 单击💥按钮，生成预处理结果。

⑤ 将"控制权重"设为 0.4，其他保持默认。

**04 设置宽 × 高为 900 像素 ×600 像素。**

建议在下一步之前先单击"生成"按钮，验证效果。因为下一步设置后再生成，是批量生成，可能耗费很长时间（几十分钟到几个小时）。

**05 设置 *X/Y/Z* plot。**

① 在"脚本"下拉列表中选择"*X/Y/Z* plot"。

② 在"*X* 轴类型"下拉列表中选择"[ControlNet]Weight"。

③ 在"*X* 轴值"文本框中填入 0.3,0.33,0.36,0.40,0.45,0.50,0.55,0.6（注意逗号是半角标点符号）。

④ 在"*Y* 轴类型"下拉列表中选择"Checkpoint name"。

⑤ 在"*Y* 轴值"选项区域勾选所有模型名称。

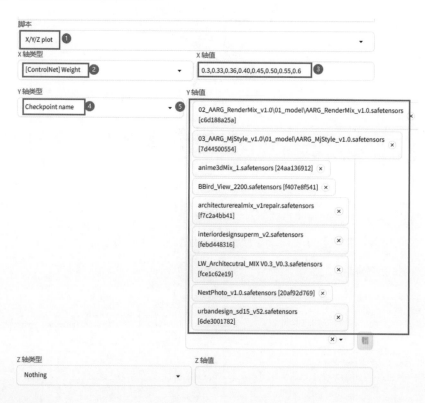

**06 单击"生成"按钮。**

## 7.10　超分辨率放大

所谓超分辨率放大，即在放大图片的同时增加细节，也称超清放大，属于 Stable Diffusion 的"无中生有"的算法。有多种超分辨率放大方法可供选择，如 ControlNet 的 Tile（分块）、高分辨率修复（Hires.fix）和后期处理等。

### 7.10.1　超分辨率放大方法之一：ControlNet的Tile（分块）

ControlNet 的 Tile（分块）是超分辨率放大的方法之一。

▶ **制作步骤**

**01 选择合适的大模型。**

这里为了生成照片级真实感的图片，选择 ChilloutMix_NiPrunedFp32Fix 大模型。

**02 选择"文生图"选项卡。下面未提及的参数保持默认设置。**

**03 输入提示词。**

正向提示词：1 girl,smile,realistic photo。

中文含义：一个女孩，微笑，真实感照片。

反向提示词：illustration,3d,sepia,painting,cartoons,sketch,(worst quality:2),(low quality:2),(normal quality:2),lowres,bad anatomy,bad hands,normal quality,((monochrome)),(grayscale:1.2), collapsed，eyeshadow,analog,analog photo,logo,2 faces,text,error,extra digit,fewer digits,cropped,jpeg artifacts,signature,watermark,username,blurry。

中文含义：插图，三维，深褐色，绘画，卡通，素描，（最差质量：权重 2），（低质量：权重 2），（正常质量：权重 2），低分辨率，解剖结构不好，手不好，正常质量，（（单色）），（灰度：权重 1.2），塌陷眼影，模拟，模拟照片，标志，两张脸，文本，错误，多余的数字，少量数字，裁剪，JPEG 伪影，签名，水印，用户名，模糊。

**04 选择 ControlNet。**

按下面的步骤设置。

① 在 ControlNet Unit 0 选项卡中上传图片文件"学习资源 \Ch07\7-8.png"。

② 勾选"启用""完美像素模式""允许预览"复选框。

③ 将"控制类型"设置为"Tile（分块）"。设置"预处理器"为 tile_resample、"模型"为 control_v11f1e_sd15_tile。

④ 单击 按钮，生成预处理结果。这里仅复制了原图。

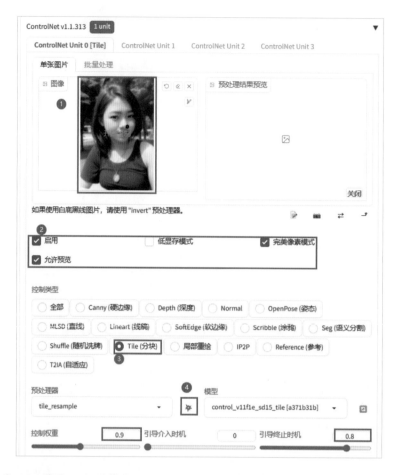

**05** 设置宽 × 高为 600 像素 ×900 像素。

**06** 单击"生成"按钮。

可以尝试调整 ControlNet 的"控制权重"为 0.9、"引导终止时机"为 0.8，给 AI 提供一定的创意发挥空间。

可多次生成图片，从中选择最佳效果。

模糊原图                  新图

## 7.10.2　超分辨率放大方法之二：高分辨率修复（Hires.fix）

在上一小节操作步骤中单击"生成"按钮之前，可勾选"高分辨率修复（Hires.fix）"复选框，设置"放大倍数"为 2、"放大算法"为"R-ESRGAN 4×+"、"重绘幅度"为 0.5。然后单击"生成"按钮，即可得到更高分辨率的图片。

高分迭代步数：若设为 0，将自动采用"迭代步数"值，下图中为 20。

重绘幅度：若为 0，则不会发生任何变化；若为 1，则生成的图像和原图无关。

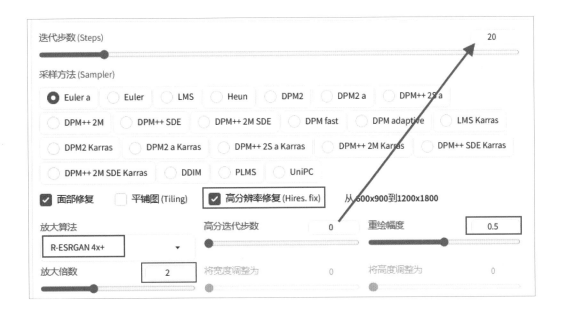

提示 ------------------------------------>

如果显卡不是超强大，不建议一次放大 4 倍，可以先放大 2 倍，等把结果拖入 ControlNet 后再放大 2 倍。否则，大概率会提示 Out Of Memory Error: CUDA out of memory（内存溢出）。

分辨率为 1200 像素 ×1800 像素（本方法成果）

## *7.10.3* 超分辨率放大方法之三：后期处理

在 Stable Diffusion 界面中，与"文生图""图生图"并列的还有"后期处理"，这是 Stable Diffusion 默认集成的一种超分辨率放大方法。可按下面的步骤操作。

① 切换到"后期处理"选项卡。

② 载入需要放大的图片。

③ 设置缩放比例，这里设置为 2。

④ 设置 Upscaler 1（放大算法 1）。这是第一个放大算法，属于必选项，这里选择 R-ESRGAN 4×+。不同算法出图效果不同，可以通过实践尝试多种算法的出图效果，像 R-ESRGAN 4×+ 的出图效果就具有线条清晰、锐化明显的特点。

⑤ 设置"GFPGAN 可见程度"（生成对抗网络可见程度），取值范围为 0 至 1。

⑥ 设置"CodeFormer 可见程度"，取值范围为 0 至 1。

⑦ 设置"CodeFormer 强度"，取值范围为 0 至 1。

⑧ 设置 Upscaler 2（放大算法 2）。这是第二个放大算法，可以设置为 none（即不选），也可以选择另一种放大算法。

⑨ 设置"放大算法 2 强度"，取值范围为 0 至 1。

⑩ 单击"生成"按钮，查看效果。

Stable Diffusion 提供了多种放大算法，若处理建筑、室内、园林景观图，4×-UltraSharp 是一种优秀的算法；若处理人物图片，需要精细优化，可以上网搜寻他人成功的经验。

右下图是用上述参数处理的成果，分辨率为 2400 像素 ×3600 像素。注意，Stable Diffusion 的超分辨率放大技术确实可以"无中生有"地自动添加细节，让线条更清晰。但是，每一种放大算法都有其特点和局限性，当参数设置过大时，可能会产生类似浮雕的效果，甚至可能导致人物细节崩坏（见右下图人物眼角处），因此，在实践中需要针对不同的图像素材和要求，通过适当调整参数和多次实验来取得最佳的超分辨率放大效果。

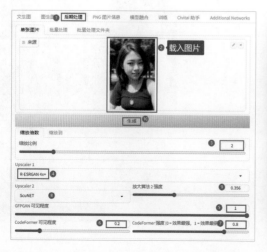

## *7.10.4*　超分辨率放大方法之四：使用Ultimate SD Upscale插件

超分辨率放大除可以采用前面介绍的三种方法外，还可以使用另一种效果较好的超分辨率放大插件 Ultimate SD Upscale，但它不是默认安装的插件，需要通过下图所示的方法手动安装。

▶ **制作步骤**

**01** **选择合适的大模型。**

这里为了生成照片级真实感图片，可选择 orangechillmix v70 大模型。

**02** **切换到"图生图"选项卡。下面未提及的参数保持默认设置。**

**03** **输入提示词。**

正向提示词：1 girl。

中文含义：一个女孩

反向提示词：illustration,3d,sepia,painting,cartoons,sketch,(worst quality:2),(low quality:2),(normal quality:2),lowres,bad anatomy,bad hands,normal quality,((monochrome)),(grayscale:1.2),collapsed eyeshadow,analog,analog photo,logo,2 faces,text,error,extra digit,fewer digits,cropped,jpeg artifacts,signature,watermark,username,blurry。

中文含义：插图，三维，深褐色，绘画，卡通，素描，（最差质量：权重 2），（低质量：权重 2），（正常质量：

权重 2），低分辨率，解剖结构不好，手不好，正常质量，（（单色）），（灰度：权重 1.2），塌陷的眼影，模拟，模拟照片，标志，两张脸，文本，错误，多余的数字，少量数字，裁剪，JPEG 伪影，签名，水印，用户名，模糊。

**04** 在"图生图"选项卡中载入图片"学习资源 \Ch07\7-9.png"。

**05** 按下图所示的操作。设置"重绘尺寸倍数"选项卡中的"尺度""重绘幅度""脚本"。

06 **单击"生成"按钮。**

可以尝试调整"重绘幅度",多次生成图片,选择最佳效果。

# 7.11　其他参数

在 Stable Diffusion 界面中,还有以下几个参数。

● CLIP 终止层数:语言与图像的对比预训练相关性,一般设为 2。当提示词为 1 gril,yellow hair,blue eyes,且"CLIP 终止层数"设置为 1 或 2 时,生成的大概率是黄头发、蓝眼睛的女孩,但当设置为 12 时就不是了。这可以形象地理解为联想太多,忘了初衷。

● Batch count(总批次数):每次生成图像的组数。

● Batch size(单批数量):每组图像的个数,如设为 4,即一次生成 4 张图像。该参数值越大,耗费显存就越大,若显存不足,建议设为 1。

一次运行生成图像的数量:总批次数 × 单批数量。

● Width(宽度)和 Height(高度):图像的宽度像素和高度像素。要增加这个值,需要更多的显存,一般建议将宽度和高度均设置在 1024 像素以下,若需要高分辨率图,可用超分辨率放大等方法。

SD1.5 模型是在 512 像素 ×512 像素的基础上训练的,SDXL 模型是在 1024 像素 ×1024 像素的基础上训练的,若宽度和高度设置过大,不仅可能爆显存,还可能得不到高清晰度图片。

若宽度和高度值设置得过小(如 256 像素),也会降低图像质量。

这个值必须是 8 的倍数。

若安装 sd-webui-aspect-ratio-helper 插件，就可以锁定长宽比为当前比例或特定比例。如下图所示。

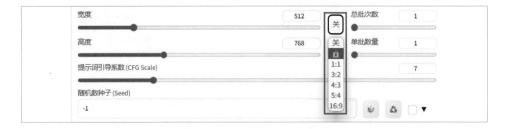

下图中是安装 sd-webui-aspect-ratio-helper 插件的步骤。

● 随机数种子（Seed）：随机数。

若设置为 -1，则表示随机种子，每次生成的图片不同。

若设置为非 -1，即表示固定种子。

若保持这个值不变（单击下图所示的按钮），则可以多次生成相同（或几乎相同）的图像。